日本の山岳標高
1003山

日本地図センター

まえがき

　この本は、国土地理院が1991（平成3）年8月に公表し、その後2002（平成14）年4月に改訂した国土地理院技術資料「日本の山岳標高一覧－１００３山－」を原本とし、各山の山頂付近の地形図（地理院地図）を掲載するとともに、原本では表形式であったものをカード形式に組みかえるなどの編集をして完成したものです。

　山名（山頂名）、その読み、標高、経緯度などのデータは、国土地理院のウェブサイト（「日本の主な山岳標高」）に掲載されているものを採用しています（2016年7月20日最終閲覧）。

　この本に収録されている山は、「全国的に著名な山を始めとして、登山やハイキングの対象となる山、信仰に関係する山、歴史的事件に関係する山、施設や遺跡のある山、詩や歌・小説などにとりあげられている山、姿・形の美しい山、高い山、険しい山、目標となる山、山脈・山地・丘陵の代表的な山などを対象として」（1991年技術資料から引用）国土地理院が選定した１００３山（山頂の数としては1059峰）です。

　山を特徴づける基本の数値である標高を始め、山名、その読みなどこの本に収録されているデータは、現在我が国で最も信頼できるものであると思います。読者の皆様には、日本の主な山の基礎台帳として、この本を活用していただきますようお願い申し上げます。

一般財団法人日本地図センター
理事長　野々村邦夫

目　次

データと地図の見方　　　　　　　　　　　　　　　　4

データと地図　　　　　　　　　　　　　　　　　　　6

標高 2500 m 以上の山　　　　　　　　　　　　　131

都道府県最高地点　　　　　　　　　　　　　　　134

１００３山所在等山域案内図　　　　　　　　　　135

１００３山所在一覧図　　　　　　　　　　　　　136

点の記　　　　　　　　　　　　　　　　　　　　142

「日本の山岳標高一覧－１００３山－」から　　　145

　　まえがき　　　　　　　　　　　　　　　　　146

　　「日本の山岳標高一覧－１００３山－について」　147

　　平成 14 年度版「日本の山岳標高一覧－１００３山－」作成にあたり　147

　　１．日本のおもな山－１００３山－のデータ表（表1）　148

　　付属資料　　　　　　　　　　　　　　　　　150

　　　１．日本の山岳標高の調査

　　　２．調査の経緯と組織

　　　３．検討事項

　　おわりに　　　　　　　　　　　　　　　　　153

50 音順索引　　　　　　　　　　　　　　　　　154

索引番号順一覧表　　　　　　　　　　　　　　　161

データと地図の見方

この項には、「日本の山岳標高一覧－１００３山－」のデータ表に掲載された項目を再構成して全て収録した。以下の①～⑦、⑨の内容は、「日本の山岳標高一覧－１００３山－」の記述（本書p148～149）を元にしている。

①索引番号

対象とした山を山域毎にグループ分けし、日本列島を北東から南西に向かう順序で、一連のコード番号をつけた。また、一つの山で、複数の峰（山頂）がある場合は枝番を付した。

②山名（山頂名）

一山一峰の単純な山は山名をそのまま記載したが、複数の峰を持つ山は、全体を総称する名称を山名として記載した。< >には必要に応じ個々の山頂名を示した。また別称を（ ）で記した場合もある。

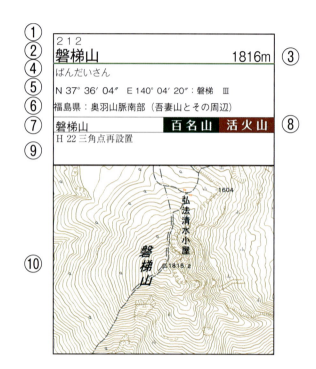

③標高

三角点、標高点がその山の最高地点にあると地形図から判読出来る場合は、地形図上でのその標高値を採用した。それ以外の場合には、写真測量又は現地測量による山の最高地点の測定値を表示した。記載する数値は、メートル位以下の測量データがあるものも四捨五入によりメートル位までとした。

なお、高さの基準は、測量法に基づき、東京湾の平均海面を基準とした。ただし、離島にあっては、その離島近くの平均海面を基準面としている場合がある。

④山の呼び方

ひらがなで表示した。

⑤緯度・経度・三角点名等

各山の最高地点の位置を経緯度で秒単位まで表示した。三角点が最高地点にあるものについては

三角点のデータを、標高点は地形図上での計測データを、測定点は現地での計測データを表示した。

　ローマ数字が記してあるものは、三角点名と等級を示す。標高点は、写真測量で測定した場合、測定点は、現地測定を行った場合を示す。

⑥所在地（都道府県、山域）

　山頂が所在する都道府県名を表示した。山頂部で境界が未定の場合は、関係する可能性のある都道府県名すべてを示した。

　その山の位置をわかり易くするために、国土地理院が作成した「主要自然地域名称図」（昭和29年）を参考として、山域毎にグループ分けした。

⑦2万5千分1地形図名

　山頂（最高地点）が含まれている2万5千分1地形図の図名を記した。複数の図葉に示される場合は、おもな一図名のみにした。

⑧百名山・二百名山・三百名山・活火山

　「百名山」は深田久弥選定。「二百名山」は深田クラブにより1984年に選定されたもの。「三百名山」は日本山岳会により1978年に選定されたもの。「活火山」は気象庁「日本活火山総覧（第4版）」による。

　「百名山」は、総称として選ばれている場合があり、複数のピークがある場合、標高やピークの特徴などをもとに、日本地図センターが判断して選定した。例えば「丹沢山」の場合、ピークとしては蛭ヶ岳、丹沢山、塔ノ岳の3山がある。塔ノ岳しか登らなかった場合に「百名山」としての「丹沢山」に登ったとは言えないという判断から、塔ノ岳には「百名山」の記載をしていない。

　「二百名山」に選定されている荒沢岳は「三百名山」には含まれていない。「三百名山」には、山上ヶ岳が含まれる。

⑨備考

　山名の別称や変更など、参考となるデータを記載した。三角点よりも高い地点が確認され、その標高が確定した山については、三角点名、等級、標高値を記載した。

　都道府県最高峰と、（注）を付した内容は、日本地図センターが加筆したものである。

⑩山頂付近の地形図

　山頂付近を地理院地図で表示した。縦5cm横6cmの範囲とし、縮尺は2万分1。

　原則として山頂、最高点を図の中心にした。便宜的に山名の表示位置を移動した場合もある。

データと地図

北海道

1 知床岳 1254m	2 硫黄山 1562m	3 知円別岳 1544m
しれとこだけ	いおうざん	ちえんべつだけ
N 44°14′09″ E 145°16′26″：知床岬 I	N 44°08′00″ E 145°09′41″：硫黄山 I	N 44°07′29″ E 145°10′07″：標高点
北海道：知床・阿寒	北海道：知床・阿寒	北海道：知床・阿寒
知床岳	硫黄山　　　　　　活火山	硫黄山

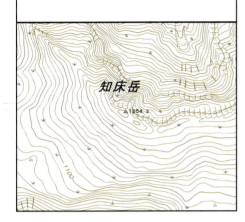

4 サシルイ岳 1564m	5 羅臼岳 1661m	6 遠音別岳 1330m
さしるいだけ	らうすだけ	おんねべつだけ
N 44°05′43″ E 145°08′37″：標高点	N 44°04′33″ E 145°07′20″：測定点	N 43°59′36″ E 145°00′48″：遠音別岳 I
北海道：知床・阿寒	北海道：知床・阿寒	北海道：知床・阿寒
硫黄山	羅臼　　　　百名山　活火山	遠音別岳
	H 26 三角点標高改訂に伴う標高改訂 羅臼岳Ⅱ（1660.2m）	H 20 三角点標高改訂

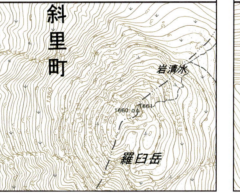

7 海別岳 1419m	8 斜里岳 1547m	9 標津岳 1061m
うなべつだけ	しゃりだけ	しべつだけ
N 43°52′37″ E 144°52′36″：海別岳 I	N 43°45′56″ E 144°43′04″：標高点	N 43°40′05″ E 144°42′18″：標高点
北海道：知床・阿寒	北海道：知床・阿寒	北海道：知床・阿寒
海別岳	斜里岳　　　　百名山	養老牛温泉

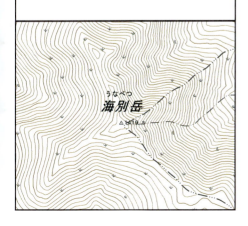

10 藻琴山	1000m
もことやま	
N 43° 42′ 16″　E 144° 19′ 52″：藻琴山	
北海道：知床・阿寒	
藻琴山	

11 アトサヌプリ（硫黄山）	508m
あとさぬぷり（いおうざん）	
N 43° 36′ 37″　E 144° 26′ 19″：標高点	
北海道：知床・阿寒	
川湯	活火山
H 13地形図改測に伴う標高改訂	

12 カムイヌプリ（摩周岳）	857m
かむいぬぷり（ましゅうだけ）	
N 43° 34′ 20″　E 144° 33′ 39″：標高点	
北海道：知床・阿寒	
摩周湖南部	活火山

13 雄阿寒岳	1370m
おあかんだけ	
N 43° 27′ 15″　E 144° 09′ 53″：雄阿寒岳　Ⅱ	
北海道：知床・阿寒	
雄阿寒岳	活火山

14-1 雌阿寒岳	1499m
めあかんだけ	
N 43° 23′ 11″　E 144° 00′ 31″：標高点	
北海道：知床・阿寒	
雌阿寒岳	百名山　活火山

14-2 雌阿寒岳＜阿寒富士＞	1476m
めあかんだけ＜あかんふじ＞	
N 43° 22′ 27″　E 144° 00′ 23″：阿寒富士　Ⅰ	
北海道：知床・阿寒	
雌阿寒岳	百名山　活火山

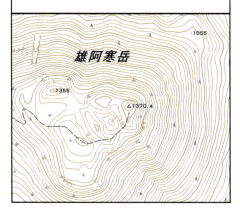
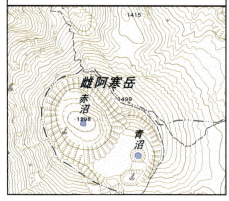
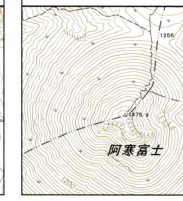

15 ウコタキヌプリ	747m
うこたきぬぷり	
N 43° 12′ 30″　E 143° 47′ 51″：標高点	
北海道：白糠丘陵	
ウコタキヌプリ	

16 礼文岳	490m
れぶんだけ	
N 45° 22′ 21″　E 141° 00′ 57″：礼文岳　Ⅰ	
北海道：礼文・利尻	
礼文岳	

17 利尻山（利尻富士）	1721m
りしりざん（りしりふじ）	
N 45° 10′ 43″　E 141° 14′ 31″：標高点	
北海道：礼文・利尻	
鴛泊	百名山　活火山

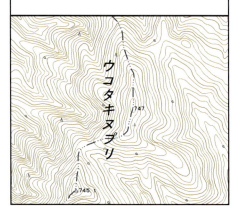

18 幌尻山 427m
ほろしりやま
N 45°09′56″　E 142°00′31″：幌尻山　Ⅰ
北海道：宗谷丘陵
セキタンベツ川

19 パンケ山 632m
ばんけざん
N 44°51′25″　E 142°08′59″：下沢岳　Ⅰ
北海道：宗谷丘陵
敏音知

20 ポロヌプリ山 841m
ぽろぬぷりざん
N 44°57′42″　E 142°25′13″：標高点
北海道：北見山地
ポロヌプリ山

21 敏音知岳 703m
びんねしりだけ
N 44°53′35″　E 142°14′04″：浜峰尻　Ⅱ
北海道：北見山地
敏音知

22 函岳 1129m
はこだけ
N 44°39′57″　E 142°24′44″：函岳　Ⅰ
北海道：北見山地
函岳

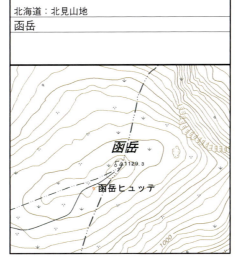

23 ピヤシリ山 987m
ぴやしりやま
N 44°26′01″　E 142°35′03″：飛鏃岳　Ⅰ
北海道：北見山地
ピヤシリ山

24 鬱岳 818m
うつだけ
N 44°17′30″　E 143°04′57″：鬱岳　Ⅰ
北海道：北見山地
鬱岳

25 ウェンシリ岳 1142m
うぇんしりだけ
N 44°13′44″　E 142°52′35″：察来岳　Ⅰ
北海道：北見山地
上札久留

26 渚滑岳 1345m
しょこつだけ
N 44°02′25″　E 142°55′03″：渚滑岳　Ⅱ
北海道：北見山地
渚滑岳

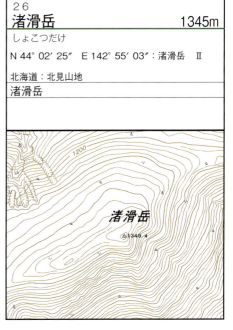

27 天塩岳　　　　　1558m	28 チトカニウシ山　　1446m	29 仁頃山　　　　　　829m
てしおだけ	ちとかにうしやま	にころやま
N 43° 57′ 52″　E 142° 53′ 17″：天塩岳　Ⅰ	N 43° 54′ 24″　E 143° 02′ 55″：千登蟹山　Ⅰ	N 43° 52′ 42″　E 143° 43′ 06″：似頃山　Ⅰ
北海道：北見山地	北海道：北見山地	北海道：北見山地
天塩岳　　　**二百名山**	北見峠	花園

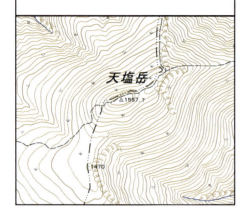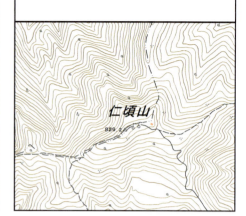

30 ニセイカウシュッペ山　1883m	31 武利岳　　　　　1876m	32 武華山　　　　　1759m
にせいかうしゅっぺやま	むりいだけ	むかやま
N 43° 46′ 48″　E 142° 59′ 07″：標高点	N 43° 43′ 59″　E 143° 10′ 35″：無類山　Ⅰ	N 43° 42′ 21″　E 143° 09′ 38″：大山　Ⅲ
北海道：石狩山地	北海道：石狩山地	北海道：石狩山地
万景壁　　　**三百名山**	武利岳	武利岳
ニセイカウシュペ山。嘴首辺Ⅱ（1878.9m）		

33 北見富士　　　　1291m	34-1 大雪山＜旭岳＞　2291m	34-2 大雪山＜黒岳＞　1984m
きたみふじ	たいせつざん＜あさひだけ＞	たいせつざん＜くろだけ＞
N 43° 41′ 37″　E 143° 17′ 45″：三角山　Ⅱ	N 43° 39′ 49″　E 142° 51′ 15″：瓊多窟　Ⅰ	N 43° 41′ 51″　E 142° 55′ 13″：温泉岳　Ⅲ
北海道：石狩山地	北海道：石狩山地	北海道：石狩山地
富士見	旭岳　　　**百名山**　**活火山**	層雲峡　　　　　　**活火山**
	北海道最高峰　H 20 三角点標高改訂	

1003 山

34-3	34-4	34-5
大雪山＜北鎮岳＞ 2244m	**大雪山＜愛別岳＞** 2113m	**大雪山＜白雲岳＞** 2230m
たいせつざん＜ほくちんだけ＞	たいせつざん＜あいべつだけ＞	たいせつざん＜はくうんだけ＞
N 43°41′34″ E 142°52′47″：標高点	N 43°42′28″ E 142°51′26″：三方崩 Ⅲ	N 43°39′40″ E 142°54′21″：大石狩岳 Ⅲ
北海道：石狩山地　活火山	北海道：石狩山地　活火山	北海道：石狩山地　活火山
層雲峡	愛山渓温泉　H20三角点標高改訂	白雲岳

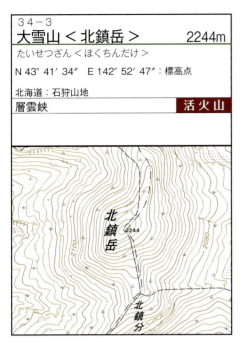
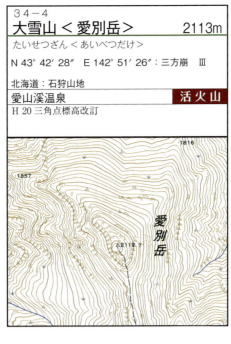
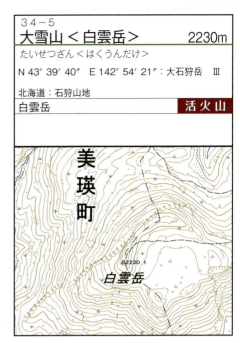

1：25000 「愛山渓温泉」「旭岳」平成27年5月調製 「白雲岳」平成26年6月調製 「層雲峡」平成26年4月調製

35 忠別岳 1963m	36 トムラウシ山 2141m	37 オプタテシケ山 2013m
ちゅうべつだけ	とむらうしやま	おぷたてしけやま
N 43°35′28″ E 142°53′40″：忠別岳 Ⅱ	N 43°31′38″ E 142°50′56″：富良牛山 Ⅰ	N 43°28′13″ E 142°45′06″：美瑛岳 Ⅲ
北海道：石狩山地	北海道：石狩山地	北海道：石狩山地
白雲岳	トムラウシ山　百名山	オプタテシケ山　三百名山
		H26 三角点標高改訂

38 美瑛岳 2052m	39 十勝岳 2077m	40 上ホロカメットク山 1920m
びえいだけ	とかちだけ	かみほろかめっとくやま
N 43°26′24″ E 142°42′24″：帯経緯Ⅱ	N 43°25′04″ E 142°41′11″：標高点	N 43°24′18″ E 142°40′18″：標高点
北海道：石狩山地	北海道：石狩山地	北海道：石狩山地
白金温泉	十勝岳　百名山　活火山	十勝岳

41 富良野岳 1912m	42 三国山 1541m	43 石狩岳 1967m
ふらのだけ	みくにやま	いしかりだけ
N 43°23′37″ E 142°38′06″：神女徳岳 Ⅰ	N 43°35′43″ E 143°08′47″：三国嶺 Ⅱ	N 43°32′48″ E 143°01′20″：標高点
北海道：石狩山地	北海道：石狩山地	北海道：石狩山地
十勝岳	石北峠	石狩岳　二百名山

 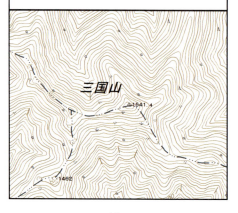

44 音更山 1932m
おとふけやま
N 43°33′42″ E 143°02′07″ ：音更山　Ⅰ
北海道：石狩山地
石狩岳

45 ニペソツ山 2013m
にぺそつやま
N 43°27′21″ E 143°01′56″ ：標高点
北海道：石狩山地
ニペソツ山　　　　二百名山

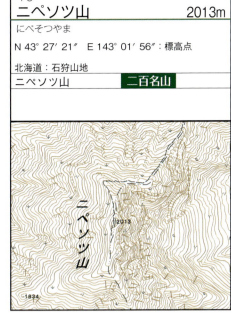

46 ウペペサンケ山 1848m
うぺぺさんけやま
N 43°23′22″ E 143°04′55″ ：標高点
北海道：石狩山地
ウペペサンケ山

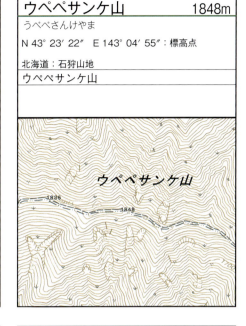

47 東ヌプカウシヌプリ 1252m
ひがしぬぷかうしぬぷり
N 43°14′45″ E 143°06′08″ ：奴深牛　Ⅱ
北海道：石狩山地
扇ヶ原

48 佐幌岳 1060m
さほろだけ
N 43°10′24″ E 142°46′52″ ：佐織岳　Ⅰ
北海道：石狩山地
佐幌岳
H20三角点標高改訂

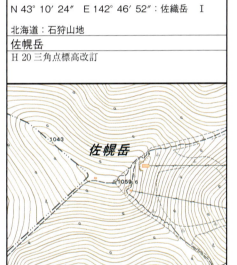

49 西クマネシリ岳 1635m
にしくまねしりだけ
N 43°31′09″ E 143°14′00″ ：標高点
北海道：石狩山地
十勝三股

50 東三国山 1230m
ひがしみくにやま
N 43°30′30″ E 143°27′49″ ：幌加美里　Ⅱ
北海道：石狩山地
東三国山

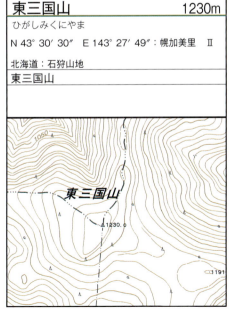

51 喜登牛山 1312m
きとうしやま
N 43°26′52″ E 143°27′23″ ：鬼頭牛山　Ⅰ
北海道：石狩山地
喜登牛山

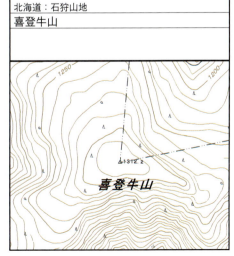

52 ピッシリ山 1032m
ぴっしりざん
N 44°21′20″ E 142°01′55″ ：比後岳　Ⅰ
北海道：天塩山地
ピッシリ山

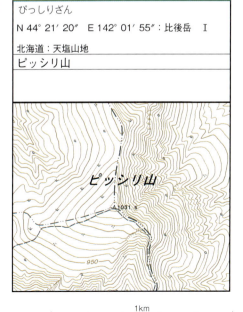

1003 山

53 三頭山 1009m	54 ポロシリ山 730m	55 暑寒別岳 1492m
さんとうさん	ぽろしりやま	しょかんべつだけ
N 44°05′30″ E 142°05′09″：三頭山 Ⅰ	N 43°57′45″ E 141°50′10″：翁居岳 Ⅰ	N 43°42′57″ E 141°31′23″：暑寒岳 Ⅰ
北海道：天塩山地	北海道：天塩山地	北海道：増毛山地
三頭山	ポロシリ山	暑寒別岳　　二百名山
	H 20 三角点標高改訂	H 20 三角点標高改訂

56 群別岳 1376m	57 ピンネシリ 1100m	58 イルムケップ山 864m
くんべつだけ	ぴんねしり	いるむけっぷやま
N 43°41′05″ E 141°29′16″：群別岳 Ⅲ	N 43°29′31″ E 141°42′24″：賓根知山 Ⅰ	N 43°37′45″ E 142°06′37″：三又山 Ⅲ
北海道：増毛山地	北海道：増毛山地	北海道：夕張山地
雄冬	ピンネシリ	イルムケップ山
山名（よみ）訂正		H 20 三角点標高改訂

59 富良野西岳 1331m	60 芦別岳 1726m	61 幾春別岳 1068m
ふらのにしだけ	あしべつだけ	いくしゅんべつだけ
N 43°18′33″ E 142°18′42″：下富良野 Ⅰ	N 43°14′09″ E 142°17′01″：礼振岳 Ⅱ	N 43°13′37″ E 142°09′34″：標高点
北海道：夕張山地	北海道：夕張山地	北海道：夕張山地
布部岳	芦別岳　　二百名山	幾春別岳
		幾春別岳Ⅱ（1062.8m）

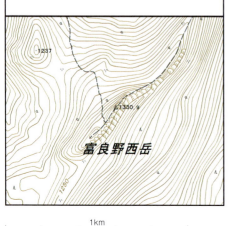

1km

62 夕張岳 1668m	63 ハッタオマナイ岳 1021m	64 トマム山 1239m
ゆうばりだけ	はったおまないだけ	とまむさん
N 43°05′59″ E 142°15′04″：夕張岳 Ⅰ	N 42°50′49″ E 142°18′47″：辺富内 Ⅰ	N 43°04′43″ E 142°35′46″：苫鵡山 Ⅱ
北海道：夕張山地	北海道：夕張山地	北海道：日高山脈
夕張岳　二百名山	胆振福山	下トマム
	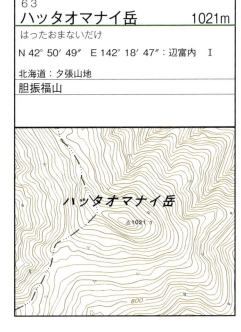	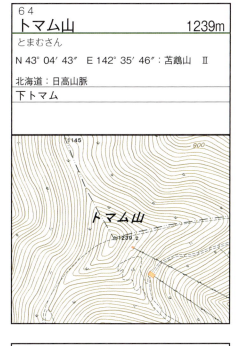

65 芽室岳 1754m	66 剣山 1205m	67 チロロ岳 1880m
めむろだけ	つるぎやま	ちろろだけ
N 42°52′08″ E 142°47′07″：芽室岳 Ⅰ	N 42°50′55″ E 142°53′06″：江遠念 Ⅱ	N 42°49′32″ E 142°40′31″：千呂露岳 Ⅱ
北海道：日高山脈	北海道：日高山脈	北海道：日高山脈
芽室岳	渋山	ピパイロ岳

68 ピパイロ岳 1916m	69 戸蔦別岳 1959m	70 幌尻岳 2052m
ぴぱいろだけ	とったべつだけ	ほろしりだけ
N 42°46′23″ E 142°43′39″：戸蔦別岳 Ⅲ	N 42°44′19″ E 142°41′42″：標高点	N 42°43′10″ E 142°40′58″：幌尻 Ⅱ
北海道：日高山脈	北海道：日高山脈	北海道：日高山脈
ピパイロ岳	幌尻岳	幌尻岳　百名山
H26 三角点標高改訂		H26 三角点標高改訂
	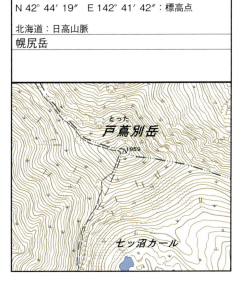	

71 エサオマントッタベツ岳 1902m
えさおまんとったべつだけ
N 42°41′21″ E 142°45′28″：標高点
北海道：日高山脈
札内岳

72 札内岳 1895m
さつないだけ
N 42°41′38″ E 142°47′48″：札内岳 Ⅲ
北海道：日高山脈
札内岳
H 26 三角点標高改訂

73 十勝幌尻岳 1846m
とかちぽろしりだけ
N 42°41′44″ E 142°51′34″：幌後岳 Ⅱ
北海道：日高山脈
札内岳
十勝ポロシリ岳

74 イドンナップ岳 1752m
いどんなっぷだけ
N 42°37′49″ E 142°38′55″：標高点
北海道：日高山脈
イドンナップ岳

75 カムイエクウチカウシ山 1979m
かむいえくうちかうしやま
N 42°37′30″ E 142°45′59″：札内岳 Ⅰ
北海道：日高山脈
札内川上流　二百名山
H 26 三角点標高改訂

76 １８３９峰 1842m
いっぱさんきゅうほう
N 42°32′22″ E 142°48′29″：標高点
北海道：日高山脈
ヤオロマップ岳

77 ペテガリ岳 1736m
ぺてがりだけ
N 42°29′58″ E 142°52′16″：辺天狩岳 Ⅱ
北海道：日高山脈
ピリガイ山　二百名山

78 中ノ岳 1519m
なかのだけ
N 42°28′05″ E 142°53′04″：標高点
北海道：日高山脈
神威岳

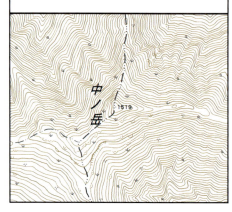

79 神威岳 1600m
かむいだけ
N 42°25′42″ E 142°54′25″：神居奴振 Ⅱ
北海道：日高山脈
神威岳　三百名山

80 ピリカヌプリ 1631m	81 楽古岳 1471m	82 豊似岳 1105m
ぴりかぬぷり	らっこだけ	とよにだけ
N 42°24′08″ E 142°58′00″：奴振 II	N 42°16′21″ E 143°06′40″：面射岳 I	N 42°04′37″ E 143°13′59″：豊似山 II
北海道：日高山脈	北海道：日高山脈	北海道：日高山脈
ピリカヌプリ	楽古岳	えりも
	H20三角点標高改訂	

  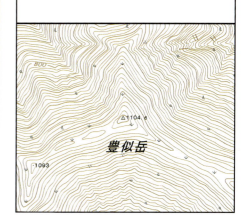

83 アポイ岳 810m	84 藻岩山 531m	85 手稲山 1023m
あぽいだけ	もいわやま	ていねやま
N 42°06′28″ E 143°01′32″：冬島 I	N 43°01′21″ E 141°19′20″：藻岩山 III	N 43°04′36″ E 141°11′33″：手稲山 I
北海道：日高山脈	北海道：支笏・洞爺・積丹	北海道：支笏・洞爺・積丹
アポイ岳	札幌	手稲山
H20三角点標高改訂		H20三角点標高改訂

  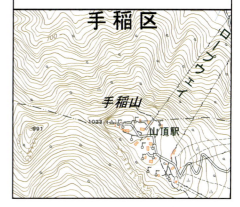

86 余市岳 1488m	87 本倶登山 1009m	88 無意根山 1464m
よいちだけ	ぽんくとさん	むいねやま
N 43°01′58″ E 141°01′11″：余市岳 I	N 42°57′19″ E 140°54′45″：本倶登山 II	N 42°55′51″ E 141°02′26″：標高点
北海道：支笏・洞爺・積丹	北海道：支笏・洞爺・積丹	北海道：支笏・洞爺・積丹
余市岳　三百名山	本倶登山	無意根山
		無意根II（1460.5m）

  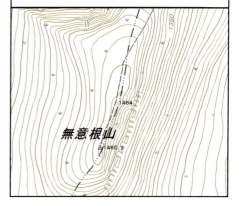

1003山

89 札幌岳　　　1293m	90 空沼岳　　　1251m	91 恵庭岳　　　1320m
さっぽろだけ	そらぬまだけ	えにわだけ
N 42°54′01″　E 141°12′02″：札幌岳　Ⅰ	N 42°51′54″　E 141°15′13″：標高点	N 42°47′36″　E 141°17′07″：恵庭岳　Ⅱ
北海道：支笏・洞爺・積丹	北海道：支笏・洞爺・積丹	北海道：支笏・洞爺・積丹
札幌岳	空沼岳	恵庭岳　　　**活火山**

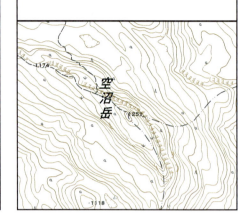 

92 風不死岳　　1102m	93 樽前山　　　1041m	94 ホロホロ山　1322m
ふっぷしだけ	たるまえさん	ほろほろやま
N 42°43′01″　E 141°21′32″：風不止　Ⅲ	N 42°41′26″　E 141°22′36″：標高点	N 42°38′01″　E 141°08′33″：徳心別山　Ⅰ
北海道：支笏・洞爺・積丹	北海道：支笏・洞爺・積丹	北海道：支笏・洞爺・積丹
風不死岳	樽前山　**二百名山**　**活火山**	徳舜瞥山
H20三角点標高改訂		

 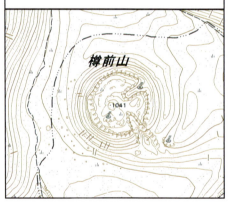 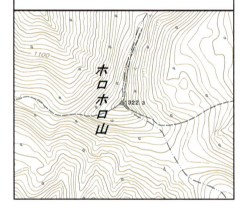

95 余別岳　　　1298m	96 天狗岳　　　872m	97 雷電山　　　1211m
よべつだけ	てんぐだけ	らいでんやま
N 43°15′36″　E 140°27′33″：余別岳　Ⅰ	N 43°11′05″　E 140°39′39″：天狗岳　Ⅰ	N 42°54′13″　E 140°28′11″：雷電岳　Ⅰ
北海道：支笏・洞爺・積丹	北海道：支笏・洞爺・積丹	北海道：支笏・洞爺・積丹
余別	豊浜	雷電山
		H20三角点標高改訂

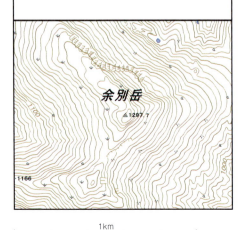  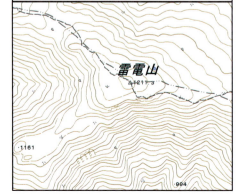

98 目国内岳　　1220m	99 ニセコアンヌプリ　　1308m	100 羊蹄山（蝦夷富士）　　1898m
めくんないだけ	にせこあんぬぷり	ようていざん（えぞふじ）
N 42°53′59″　E 140°30′55″：標高点	N 42°52′30″　E 140°39′32″：似古安岳 Ⅰ	N 42°49′36″　E 140°48′41″：標高点
北海道：支笏・洞爺・積丹	北海道：支笏・洞爺・積丹	北海道：支笏・洞爺・積丹
チセヌプリ	ニセコアンヌプリ　三百名山　活火山	羊蹄山　百名山　活火山
四國内Ⅲ（1202.6m）		後方羊蹄山（しりべしやま）、マッカリヌプリ　真狩山Ⅰ（1893.0m）

101 尻別岳　　1107m	102 貫気別山　　994m	103 昆布岳　　1045m
しりべつだけ	ぬっきべつやま	こんぶだけ
N 42°46′21″　E 140°54′37″：後別岳 Ⅱ	N 42°42′36″　E 140°55′22″：風防留山 Ⅰ	N 42°42′37″　E 140°39′20″：昆布岳 Ⅰ
北海道：支笏・洞爺・積丹	北海道：支笏・洞爺・積丹	北海道：支笏・洞爺・積丹
喜茂別	留寿都	昆布岳
	H20三角点標高改訂	

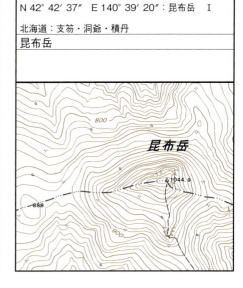

104 昭和新山　　398m	105 有珠山＜大有珠＞　　733m	106 母衣月山　　504m
しょうわしんざん	うすざん＜おおうす＞	ほろづきやま
N 42°32′33″　E 140°51′52″：標高点	N 42°32′38″　E 140°50′21″：標高点	N 42°46′12″　E 140°12′54″：幌月山 Ⅰ
北海道：支笏・洞爺・積丹	北海道：支笏・洞爺・積丹	北海道：渡島半島
洞爺湖温泉	洞爺湖温泉　活火山	寿都
		H20三角点標高改訂

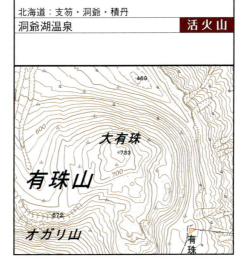

107 大平山	1191m
おおびらやま	
N 42°38′09″ E 140°08′08″：大平山 Ⅰ	
北海道：渡島半島	
大平山	

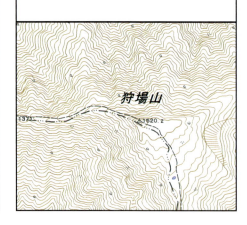

108 狩場山	1520m
かりばやま	
N 42°36′48″ E 139°56′26″：狩場岳 Ⅰ	
北海道：渡島半島	
狩場山	三百名山

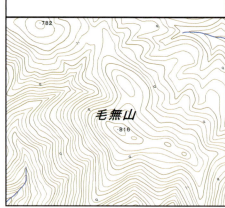

109 毛無山	816m
けなしやま	
N 42°17′43″ E 139°48′38″：標高点	
北海道：渡島半島	
後志太田	

110 遊楽部岳（見市岳）	1277m
ゆうらっぷだけ（けんいちだけ）	
N 42°13′09″ E 140°00′38″：標高点	
北海道：渡島半島	
遊楽部岳	
見市岳Ⅰ（1275.5m）	

111 乙部岳	1017m
おとべだけ	
N 42°02′22″ E 140°16′29″：乙部岳 Ⅰ	
北海道：渡島半島	
乙部岳	

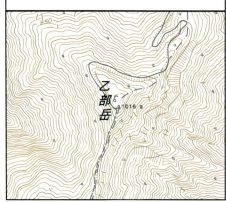

112 駒ヶ岳＜剣ヶ峯＞	1131m
こまがたけ＜けんがみね＞	
N 42°03′48″ E 140°40′38″：標高点	
北海道：渡島半島	
駒ヶ岳	二百名山　活火山

113 横津岳	1167m
よこつだけ	
N 41°56′16″ E 140°46′17″：標高点	
北海道：渡島半島	
横津岳	

114 恵山	618m
えさん	
N 41°48′17″ E 141°09′58″：恵山 Ⅲ	
北海道：渡島半島	
恵山	活火山

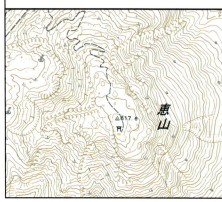

115 函館山	334m
はこだてやま	
N 41°45′32″ E 140°42′15″：標高点	
北海道：渡島半島	
函館	
函館Ⅲ（332.5m）	

1003山

116 八幡岳 665m
はちまんだけ
N 41°51′07″ E 140°13′48″：八幡岳 Ⅰ
北海道：渡島半島
江差
H20三角点標高改訂

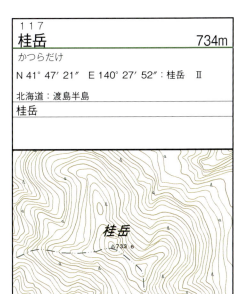

117 桂岳 734m
かつらだけ
N 41°47′21″ E 140°27′52″：桂岳 Ⅱ
北海道：渡島半島
桂岳

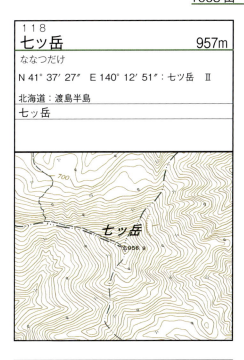

118 七ッ岳 957m
ななつだけ
N 41°37′27″ E 140°12′51″：七ツ岳 Ⅱ
北海道：渡島半島
七ッ岳

119 大千軒岳 1072m
だいせんげんだけ
N 41°34′46″ E 140°09′39″：千軒岳 Ⅰ
北海道：渡島半島
大千軒岳　三百名山

120 岩部岳 794m
いわべだけ
N 41°31′38″ E 140°18′39″：岩部岳 Ⅲ
北海道：渡島半島
千軒

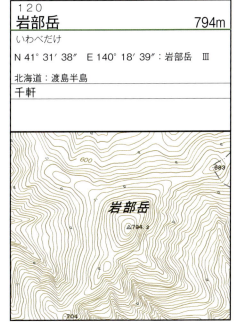

121 神威山 584m
かむいやま
N 42°09′37″ E 139°26′34″：標高点
北海道：奥尻島
赤石
奥尻山Ⅰ（575.9m）

122 江良岳 732m
えらだけ
N 41°30′36″ E 139°22′02″：大島
北海道：渡島大島
渡島大島　活火山
江良岳Ⅰ（732.41m）

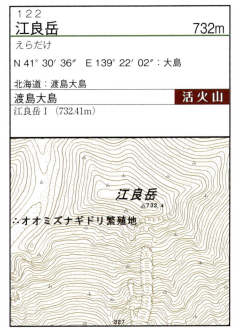

1km

本州

123 燧岳 781m	124 釜臥山 878m	125 桑畑山 400m
ひうちだけ	かまふせやま	くわはたやま
N 41° 26′ 21″ E 141° 03′ 11″：燧岳 Ⅰ	N 41° 16′ 43″ E 141° 07′ 12″：釜臥山 Ⅰ	N 41° 23′ 15″ E 141° 26′ 27″：尻屋山 Ⅰ
青森県：下北半島	青森県：下北半島（恐山山地）	青森県：下北半島
下風呂	恐山	尻屋
	H22 三角点標高改訂	

126 吹越烏帽子 508m	127 丸屋形岳 718m	128 四ツ滝山 670m
ふっこしえぼし	まるやがただけ	よつだきやま
N 41° 02′ 15″ E 141° 19′ 02″：吹越山 Ⅰ	N 41° 09′ 10″ E 140° 35′ 12″：丸山 Ⅰ	N 41° 07′ 18″ E 140° 24′ 02″：桂川岳 Ⅰ
青森県：下北半島	青森県：津軽半島	青森県：津軽半島
陸奥横浜	大川平	増川岳

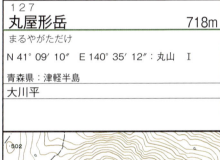

129 梵珠山 468m	130 階上岳（種市岳） 739m	131 名久井岳 615m
ぼんじゅさん	はしかみだけ（たねいちだけ）	なくいだけ
N 40° 47′ 59″ E 140° 34′ 32″：梵珠山 Ⅲ	N 40° 24′ 03″ E 141° 35′ 04″：階上岳 Ⅰ	N 40° 23′ 17″ E 141° 18′ 30″：名久井岳 Ⅰ
青森県：津軽半島	青森県 岩手県：北上高地	青森県：北上高地
大釈迦	階上岳	三戸
	H22 三角点標高改訂	

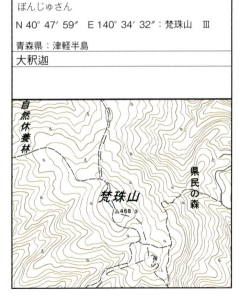

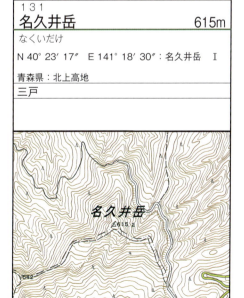

132 折爪岳　　　852m	133 安家森　　　1239m	134 遠島山　　　1262m
おりつめだけ	あっかもり	とおしまやま
N 40°16′08″　E 141°22′28″：折詰岳　I	N 40°02′17″　E 141°32′28″：遠別岳　I	N 40°01′14″　E 141°38′39″：遠島山　II
岩手県：北上高地	岩手県：北上高地	岩手県：北上高地
陸中軽米	安家森	端神
		H22三角点標高改訂

135 三巣子岳　　　1181m	136 姫神山　　　1124m	137 堺ノ神岳　　　1319m
みすごだけ	ひめかみさん	さかいのかみだけ
N 39°54′00″　E 141°29′08″：明神頭　II	N 39°50′39″　E 141°14′49″：姫神岳　I	N 39°45′01″　E 141°37′35″：明神　III
岩手県：北上高地	岩手県：北上高地	岩手県：北上高地
薮川	陸中南山形　　二百名山	和井内
H26三角点標高改訂		

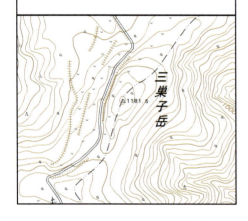
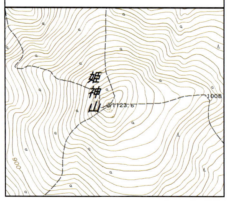
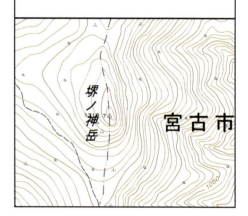

138 害鷹森　　　1304m	139 青松葉山　　　1365m	140 峠ノ神山　　　1229m
がいたかもり	あおまつばやま	とうげのかみやま
N 39°42′42″　E 141°36′16″：野津辺　II	N 39°41′51″　E 141°29′01″：青松葉山　II	N 39°43′37″　E 141°46′52″：亀ケ森山　I
岩手県：北上高地	岩手県：北上高地	岩手県：北上高地
害鷹森	青松葉山	峠ノ神山
	H23三角点標高改訂	H22三角点標高改訂

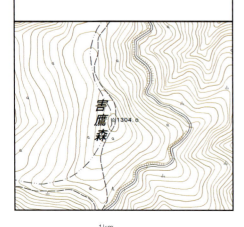
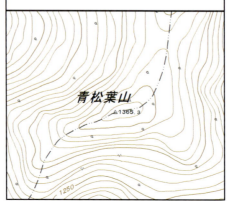
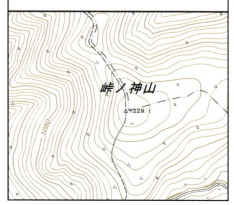

141 早池峰山 1917m	142 薬師岳 1645m	143 十二神山 731m
はやちねさん N 39°33′31″ E 141°29′19″：標高点 岩手県：北上高地 早池峰山　**百名山** 早池峰Ⅰ（1913.6m）	やくしだけ N 39°31′48″ E 141°29′45″：薬師岳　Ⅲ 岩手県：北上高地 早池峰山	じゅうにしんざん N 39°32′19″ E 141°58′30″：十二神山　Ⅰ 岩手県：北上高地 津軽石

 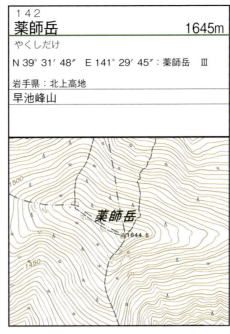 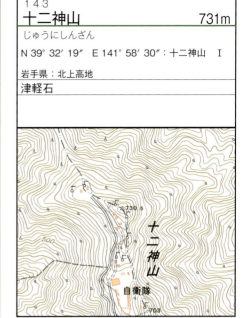

144 六角牛山 1293m	145 五葉山 1351m	146 物見山 870m
ろっこうしさん N 39°19′06″ E 141°39′01″：六角牛山　Ⅱ 岩手県：北上高地 陸中大橋 H 23 三角点標高改訂	ごようざん N 39°12′19″ E 141°43′56″：標高点 岩手県：北上高地 五葉山　**三百名山** 五葉山Ⅰ（1341.3m）	ものみやま N 39°12′04″ E 141°24′06″：種山　Ⅰ 岩手県：北上高地 種山ヶ原 H 22 三角点標高改訂

 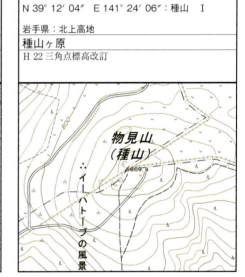

147 氷上山 874m	148 室根山 895m	149 徳仙丈山 710m
ひかみさん N 39°03′32″ E 141°39′38″：氷上山　Ⅱ 岩手県：北上高地 大船渡 H 22 三角点標高改訂	むろねさん N 38°58′31″ E 141°26′50″：室根山　Ⅰ 岩手県：北上高地 折壁	とくせんじょうやま N 38°50′54″ E 141°28′12″：津谷　Ⅱ 宮城県：北上高地 津谷川 H 23 三角点標高改訂

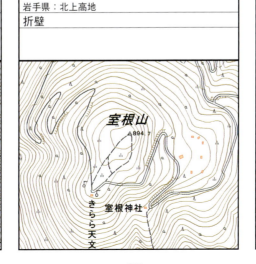

150 金華山　444m	151-1 八甲田山＜大岳＞　1585m	151-2 八甲田山＜高田大岳＞　1552m
きんかさん	はっこうださん＜おおだけ＞	はっこうださん＜たかだおおだけ＞
N 38° 17′ 43″　E 141° 34′ 00″：金華山　Ⅱ	N 40° 39′ 32″　E 140° 52′ 38″：八甲田山　Ⅰ	N 40° 39′ 10″　E 140° 54′ 30″：標高点
宮城県：北上高地	青森県：奥羽山脈北部（八甲田山とその周辺）	青森県：奥羽山脈北部（八甲田山とその周辺）
金華山	八甲田山　百名山 活火山	八甲田山　活火山
H 23 三角点標高改訂	H 22 三角点標高改訂	

152 櫛ヶ峯（上岳）　1517m	153 戸来岳＜三ッ岳＞　1159m	154 白地山　1034m
くしがみね（かみだけ）	へらいだけ＜みつだけ＞	しろじやま
N 40° 36′ 11″　E 140° 50′ 33″：櫛ケ峰　Ⅱ	N 40° 27′ 11″　E 141° 00′ 05″：戸来嶽　Ⅰ	N 40° 26′ 50″　E 140° 47′ 17″：白地山　Ⅰ
青森県：奥羽山脈北部（八甲田山とその周辺）	青森県：奥羽山脈北部（八甲田山とその周辺）	秋田県：奥羽山脈北部（八甲田山とその周辺）
酸ヶ湯	戸来岳	十和田湖西部
H 22 三角点標高改訂	H 26 三角点標高改訂	

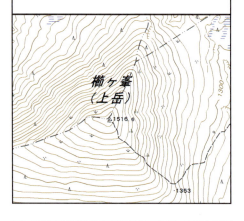  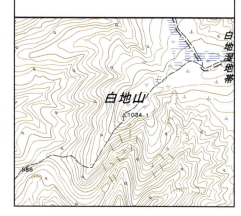

155 中岳　1024m	156 稲庭岳　1078m	157 五ノ宮嶽　1115m
なかだけ	いなにわだけ	ごのみやだけ
N 40° 14′ 46″　E 140° 56′ 40″：中岳　Ⅰ	N 40° 11′ 55″　E 141° 02′ 46″：稲庭岳　Ⅱ	N 40° 08′ 45″　E 140° 50′ 45″：五ノ宮　Ⅱ
秋田県 岩手県：奥羽山脈北部	岩手県：奥羽山脈北部	秋田県：奥羽山脈北部
四角岳	稲庭岳	湯瀬
ちゅうだけ		

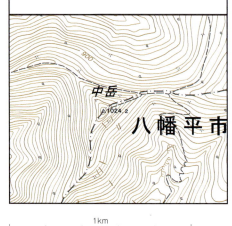  

158 七時雨山 1063m	159 森吉山 1454m	160 焼山 1366m
ななしぐれやま N 40°04′09″ E 141°06′20″：標高点 岩手県：奥羽山脈北部 七時雨山 七時雨山Ⅰ（1060.0m）	もりよしざん N 39°58′36″ E 140°32′39″：森吉山Ⅰ 秋田県：奥羽山脈北部 森吉山　　二百名山	やけやま N 39°57′50″ E 140°45′25″：焼山Ⅱ 秋田県：奥羽山脈北部 八幡平　　活火山

 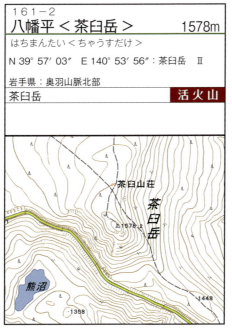 

161-1 八幡平 1613m	161-2 八幡平＜茶臼岳＞ 1578m	161-3 八幡平＜畚岳＞ 1578m
はちまんたい N 39°57′28″ E 140°51′15″：八幡平Ⅱ 岩手県：奥羽山脈北部 八幡平　　百名山　活火山 H23 三角点標高改訂	はちまんたい＜ちゃうすだけ＞ N 39°57′03″ E 140°53′56″：茶臼岳Ⅱ 岩手県：奥羽山脈北部 茶臼岳　　活火山	はちまんたい＜もっこだけ＞ N 39°56′09″ E 140°51′02″：小引岳Ⅲ 秋田県：奥羽山脈北部 八幡平　　活火山

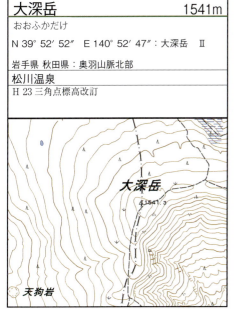 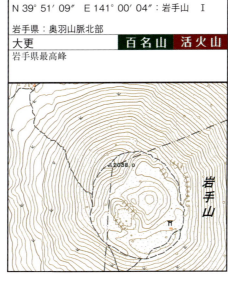 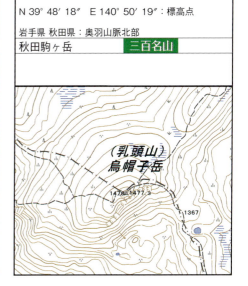

162 大深岳 1541m	163 岩手山 2038m	164 烏帽子岳（乳頭山） 1478m
おおふかだけ N 39°52′52″ E 140°52′47″：大深岳Ⅱ 岩手県 秋田県：奥羽山脈北部 松川温泉 H23 三角点標高改訂	いわてさん N 39°51′09″ E 141°00′04″：岩手山Ⅰ 岩手県：奥羽山脈北部 大更　　百名山　活火山 岩手県最高峰	えぼしだけ（にゅうとうざん） N 39°48′18″ E 140°50′19″：標高点 岩手県 秋田県：奥羽山脈北部 秋田駒ヶ岳　　三百名山

1003 山

165 駒ヶ岳＜男女岳＞ 1637m	166 岩木山 1625m	167 向白神岳 1250m
こまがたけ＜おなめだけ＞	いわきさん	むかいしらかみだけ
N 39°45′40″ E 140°47′58″：駒ケ岳 I	N 40°39′21″ E 140°18′11″：岩木山 I	N 40°31′26″ E 140°02′44″：標高点
秋田県：奥羽山脈北部	青森県：白神山地	青森県：白神山地
秋田駒ヶ岳　二百名山　活火山	岩木山　百名山　活火山	白神岳
秋田県最高峰	青森県最高峰	向白神Ⅲ（1243.0m）

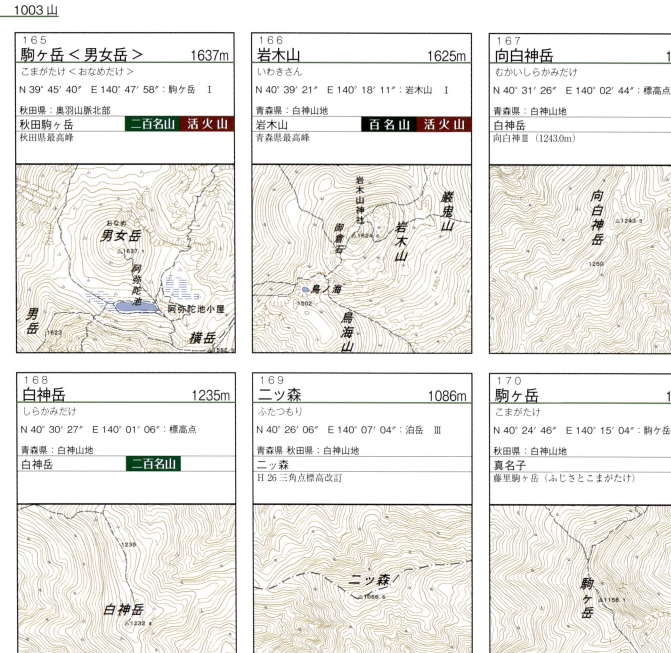

168 白神岳 1235m	169 二ツ森 1086m	170 駒ヶ岳 1158m
しらかみだけ	ふたつもり	こまがたけ
N 40°30′27″ E 140°01′06″：標高点	N 40°26′06″ E 140°07′04″：泊岳 Ⅲ	N 40°24′46″ E 140°15′04″：駒ケ岳 Ⅱ
青森県：白神山地	青森県 秋田県：白神山地	秋田県：白神山地
白神岳　二百名山	二ツ森	真名子
	H26 三角点標高改訂	藤里駒ヶ岳（ふじさとこまがたけ）

171 田代岳 1178m	172 房住山 409m	173 太平山 1170m
たしろだけ	ぼうじゅうさん	たいへいざん
N 40°25′43″ E 140°24′32″：田代山 I	N 40°03′38″ E 140°12′58″：孫一長峰 Ⅱ	N 39°47′49″ E 140°18′38″：太平山 I
秋田県：白神山地	秋田県：出羽山地	秋田県：出羽山地
田代岳	小又口	太平山　三百名山
		H26 三角点標高改訂

1km

28

174 大仏岳 1167m	175 東光山 594m	176 八塩山 713m
だいぶつだけ	とうこうさん	やしおやま
N 39°48′49″ E 140°30′56″：大佛岳 Ⅰ	N 39°24′23″ E 140°09′42″：標高点	N 39°14′12″ E 140°13′40″：大八汐 Ⅱ
秋田県：出羽山地	秋田県：出羽山地	秋田県：出羽山地
上桧木内	岩野目沢	矢島

177 鳥海山＜新山＞ 2236m	178 丁岳 1146m	179 甑山＜男甑山＞ 981m
ちょうかいざん＜しんざん＞	ひのとだけ	こしきやま＜おとこしきやま＞
N 39°05′57″ E 140°02′56″：測定点	N 39°01′55″ E 140°13′10″：丁岳 Ⅰ	N 39°00′43″ E 140°18′38″：母子鬼山 Ⅱ
山形県：出羽山地　**百名山** **活火山**	秋田県 山形県：出羽山地	山形県：出羽山地
鳥海山	丁岳	松ノ木峠
山形県最高峰　鳥海山Ⅰ（2229.2m）		

180 ［加無山］＜男加無山＞ 997m	181 寒風山 355m	182 本山 715m
［かぶやま］＜おかぶやま＞	かんぷうさん	ほんざん
N 39°00′34″ E 140°15′37″：加無 Ⅲ	N 39°56′01″ E 139°52′31″：寒風山 Ⅱ	N 39°54′25″ E 139°45′14″：男鹿島 Ⅰ
山形県：出羽山地	秋田県：男鹿半島	秋田県：男鹿半島
松ノ木峠	寒風山	船川
（注）加無山は地形図に山名の記載なし		

1003 山

183 東根山　928m	184 和賀岳　1439m	185 真昼岳　1059m
あずまねやま	わがだけ	まひるだけ
N 39°35′15″ E 141°03′35″：東根山　Ⅰ	N 39°34′13″ E 140°45′15″：和賀嶽　Ⅰ	N 39°26′52″ E 140°40′36″：真昼岳　Ⅱ
岩手県：奥羽山脈中部	岩手県 秋田県：奥羽山脈中部	岩手県 秋田県：奥羽山脈中部
南昌山	北川舟　　二百名山	真昼岳
	H 26 三角点標高改訂	H 26 三角点標高改訂

186 黒森　944m	187 焼石岳　1547m	188 栗駒山　1626m
くろもり	やけいしだけ	くりこまやま
N 39°20′54″ E 140°52′06″：和黒森山　Ⅰ	N 39°09′49″ E 140°49′44″：焼石岳　Ⅰ	N 38°57′39″ E 140°47′18″：酢川岳　Ⅰ
岩手県：奥羽山脈中部	岩手県：奥羽山脈中部	岩手県 宮城県：奥羽山脈中部
新町	焼石岳　　二百名山	栗駒山　　二百名山　活火山
H 22 三角点標高改訂	H 23 三角点標高改訂	須川岳（すかわだけ）　H 26 三角点標高改訂

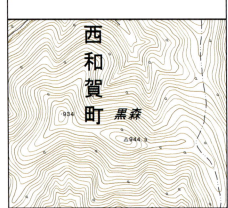

189 高松岳　1348m	190 虎毛山　1433m	191 荒雄岳　984m
たかまつだけ	とらげさん	あらおだけ
N 38°58′03″ E 140°36′23″：標高点	N 38°54′17″ E 140°37′08″：須金岳　Ⅱ	N 38°49′59″ E 140°41′30″：荒雄岳　Ⅱ
秋田県：奥羽山脈中部	秋田県：奥羽山脈中部	宮城県：奥羽山脈中部
秋ノ宮	鬼首峠	鬼首

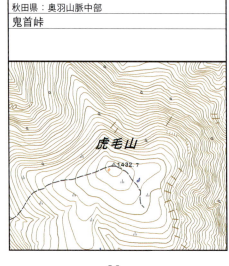

1km

30

192 神室山　1365m かむろさん N 38°54′08″ E 140°29′32″：神室山　II 秋田県 山形県：奥羽山脈中部 鬼首峠　　　　　　二百名山	193 火打岳　1238m ひうちだけ N 38°50′25″ E 140°26′55″：火打岳　I 山形県：奥羽山脈中部 神室山	194 杢蔵山　1026m もくぞうやま N 38°47′22″ E 140°24′05″：木葛岳　II 山形県：奥羽山脈中部 瀬見 H 21 三角点標高改訂
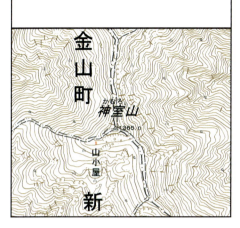		
195 禿岳（小鏑山）　1261m かむろだけ（こかぶらやま） N 38°48′39″ E 140°35′42″：小鏑　II 山形県 宮城県：奥羽山脈中部 向町 H 23 三角点標高改訂	196 箟岳山　236m ののだけやま N 38°33′57″ E 141°10′43″：標高点 宮城県：奥羽山脈南部 涌谷	197 大高森　105m おおたかもり N 38°20′26″ E 141°09′09″：大高森　II 宮城県：奥羽山脈南部 小野 H 15 三角点改測

198 翁山　1075m おきなさん N 38°39′03″ E 140°32′41″：翁峠　II 山形県：奥羽山脈南部 魚取沼 山名変更：H 25 関係自治体からの申請による （注）旧山名：翁峠	199 薬莱山　553m やくらいさん N 38°34′32″ E 140°42′19″：薬来山　II 宮城県：奥羽山脈南部 薬莱山	200 船形山（御所山）　1500m ふながたやま（ごしょざん） N 38°27′20″ E 140°37′12″：舟形山　I 宮城県 山形県：奥羽山脈南部 船形山　　　　　　二百名山
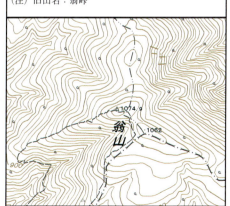	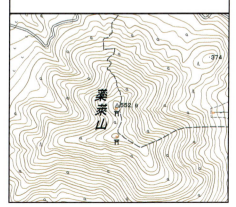	

1003 山

201 泉ヶ岳　1175m
いずみがたけ
N 38°24′43″　E 140°42′32″：測定点
宮城県：奥羽山脈南部
定義　　　　　三百名山
泉ヶ岳Ⅱ（1172.1m）

202 太白山　321m
たいはくさん
N 38°14′06″　E 140°48′08″：生出森　Ⅲ
宮城県：奥羽山脈南部
仙台西南部

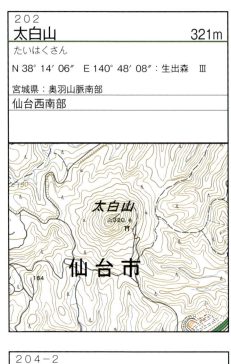

203 大東岳　1365m
だいとうだけ
N 38°18′08″　E 140°31′25″：大東山　Ⅰ
宮城県：奥羽山脈南部
作並
おおあずまだけ。H 26 三角点標高改訂

204-1 蔵王山＜熊野岳＞　1841m
ざおうさん＜くまのだけ＞
N 38°08′37″　E 140°26′24″：測定点
山形県：奥羽山脈南部（蔵王山とその周辺）
蔵王山　　　百名山　活火山
熊野岳Ⅱ（1840.5m）

204-2 蔵王山＜刈田岳＞　1758m
ざおうさん＜かっただけ＞
N 38°07′40″　E 140°26′53″：刈田岳　Ⅲ
宮城県：奥羽山脈南部（蔵王山とその周辺）
蔵王山　　　活火山

204-3 蔵王山＜屏風岳＞　1825m
ざおうさん＜びょうぶだけ＞
N 38°05′45″　E 140°28′34″：標高点
宮城県：奥羽山脈南部（蔵王山とその周辺）
蔵王山　　　活火山
宮城県最高峰　屏風岳Ⅰ（1817.1m）

1：25000「蔵王山」平成 24 年更新

204-4 蔵王山＜不忘山（御前岳）＞ 1705m	205 青麻山 799m	206 栗子山 1217m
ざおうさん＜ふぼうさん（ごぜんだけ）＞	あおそやま	くりこやま
N 38°04′32″ E 140°28′44″：不忘山 Ⅲ	N 38°05′05″ E 140°36′27″：青麻 Ⅲ	N 37°52′28″ E 140°16′12″：栗子山 Ⅰ
宮城県：奥羽山脈南部（蔵王山とその周辺）	宮城県：奥羽山脈南部（蔵王山とその周辺）	福島県 山形県：奥羽山脈南部（吾妻山とその周辺）
不忘山　　　　　　　　　　活火山	白石	栗子山

 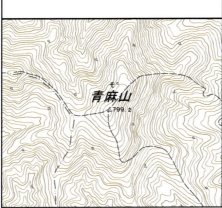 

207 信夫山 275m	208-1 西吾妻山 2035m	208-2 西吾妻山＜西大嶺＞ 1982m
しのぶやま	にしあづまやま	にしあづまやま＜にしだいてん＞
N 37°46′15″ E 140°27′42″：測定点	N 37°44′18″ E 140°08′27″：標高点	N 37°44′02″ E 140°07′40″：西吾妻山 Ⅱ
福島県：奥羽山脈南部（吾妻山とその周辺）	福島県 山形県：奥羽山脈南部（吾妻山とその周辺）	山形県 福島県：奥羽山脈南部（吾妻山とその周辺）
福島北部	吾妻山　　　　　百名山	吾妻山
信夫山Ⅱ（268.2m）		

  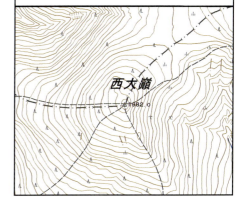

208-3 西吾妻山＜東大嶺＞ 1928m	209-1 東吾妻山 1975m	209-2 東吾妻山＜一切経山＞ 1949m
にしあづまやま＜ひがしだいてん＞	ひがしあづまやま	ひがしあづまやま＜いっさいきょうざん＞
N 37°45′16″ E 140°11′20″：小吾妻 Ⅲ	N 37°42′42″ E 140°13′49″：東吾妻 Ⅲ	N 37°44′07″ E 140°14′40″：吾妻山 Ⅰ
福島県 山形県：奥羽山脈南部（吾妻山とその周辺）	福島県：奥羽山脈南部（吾妻山とその周辺）	福島県：奥羽山脈南部（吾妻山とその周辺）
天元台	吾妻山　　　　　百名山	吾妻山　　　三百名山　活火山

 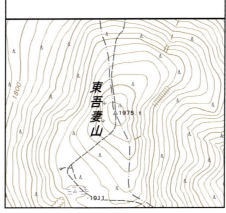 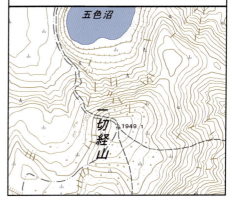

209-3 東吾妻山＜吾妻小富士＞ 1707m	210 箕輪山 1728m	211-1 安達太良山＜鉄山＞ 1709m
ひがしあづまやま＜あづまこふじ＞	みのわやま	あだたらやま＜てつざん＞
N 37°43′20″ E 140°15′49″：標高点	N 37°38′50″ E 140°16′51″：標高点	N 37°37′59″ E 140°16′59″：測定点
福島県：奥羽山脈南部（吾妻山とその周辺）	福島県：奥羽山脈南部（吾妻山とその周辺）	福島県：奥羽山脈南部（吾妻山とその周辺）
土湯温泉	安達太良山　活火山　箕輪Ⅲ（1718.4m）	安達太良山　活火山　鉄山（くろがねやま）。H26三角点標高改訂に伴う標高改訂　鉄山Ⅳ（1709.3m）

211-2 安達太良山 1700m	212 磐梯山 1816m	213 高館山 273m
あだたらやま	ばんだいさん	たかだてやま
N 37°37′16″ E 140°17′16″：大関平Ⅱ	N 37°36′04″ E 140°04′20″：磐梯Ⅲ	N 38°45′47″ E 139°44′51″：高舘山Ⅰ
福島県：奥羽山脈南部（吾妻山とその周辺）	福島県：奥羽山脈南部（吾妻山とその周辺）	山形県：朝日山地
安達太良山　百名山　活火山	磐梯山　百名山　活火山　H22三角点再設置	湯野浜　H23三角点再設置

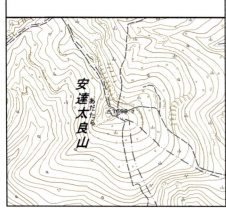

214 金峰山 471m	215 羽黒山 414m	216 月山 1984m
きんぼうさん	はぐろさん	がっさん
N 38°40′56″ E 139°47′53″：標高点	N 38°42′09″ E 139°58′58″：標高点	N 38°32′56″ E 140°01′37″：標高点
山形県：朝日山地	山形県：朝日山地	山形県：朝日山地
鶴岡　金峰山Ⅲ（458.1m）	羽黒山	月山　百名山　月山Ⅰ（1979.5m）

217 葉山 1462m	218 温海岳 736m	219 摩耶山 1020m
はやま	あつみだけ	まやさん
N 38°31′45″ E 140°12′38″ :葉山 Ⅰ	N 38°37′12″ E 139°37′51″ :温海岳 Ⅱ	N 38°31′13″ E 139°43′40″ :麻耶山 Ⅰ
山形県:朝日山地	山形県:朝日山地	山形県:朝日山地
葉山	山五十川	木野俣　三百名山

220 以東岳 1772m	221 朝日岳＜大朝日岳＞ 1871m	222 祝瓶山 1417m
いとうだけ	あさひだけ＜おおあさひだけ＞	いわいがめやま
N 38°20′35″ E 139°50′57″ :以東ケ岳 Ⅰ	N 38°15′38″ E 139°55′20″ :朝日岳 Ⅱ	N 38°11′51″ E 139°52′47″ :祝瓶山 Ⅱ
山形県 新潟県:朝日山地	山形県:朝日山地	山形県:朝日山地
大鳥池　二百名山	朝日岳　百名山	羽前葉山　三百名山
H22三角点標高改訂	H22三角点標高改訂	

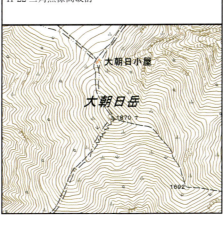

223 鷲ヶ巣山 1093m	224 新保岳 852m	225 白鷹山 994m
わしがすやま	しんぼだけ	しらたかやま
N 38°13′19″ E 139°40′08″ :鷲ケ巣山 Ⅱ	N 38°21′40″ E 139°30′39″ :新保岳 Ⅰ	N 38°13′22″ E 140°10′23″ :標高点
新潟県:朝日山地	新潟県:朝日山地	山形県:朝日山地
三面	蒲萄	白鷹山

226 机差岳 1636m	227 北股岳 2025m	228 飯豊山 2105m
えぶりさしだけ	きたまただけ	いいでさん
N 37°56′33″ E 139°36′32″：机差 Ⅲ	N 37°52′48″ E 139°38′19″：梅花皮 Ⅲ	N 37°51′17″ E 139°42′26″：飯豊山 Ⅰ
新潟県：飯豊山地	新潟県 山形県：飯豊山地	福島県：飯豊山地
えぶり差岳　二百名山	飯豊山	飯豊山　百名山

229 大日岳 2128m	230 二王子岳 1420m	231 五頭山 912m
だいにちだけ	にのうじだけ	ごずさん
N 37°49′58″ E 139°39′37″：標高点	N 37°53′59″ E 139°29′57″：二王子岳 Ⅱ	N 37°48′04″ E 139°20′44″：小倉 Ⅲ
新潟県：飯豊山地	新潟県：飯豊山地	新潟県：飯豊山地
大日岳	二王子岳　二百名山	出湯

232 高陽山 1126m	233 飯森山 1595m	234 霊山 825m
こうようざん	いいもりさん	りょうぜん
N 37°43′45″ E 139°38′59″：高陽山 Ⅱ	N 37°48′50″ E 139°55′32″：飯森山 Ⅰ	N 37°46′08″ E 140°41′15″：標高点
福島県 新潟県：飯豊山地	山形県 福島県：飯豊山地	福島県：阿武隈高地
飯里	飯森山	霊山
H 26 三角点標高改訂	H 26 三角点標高改訂	標高は東ノ物見を示す　猿飛Ⅲ（804.9m）

235 日山＜天王山＞ 1057m	236 鎌倉岳 965m	237 大滝根山 1192m
ひやま＜てんのうざん＞	かまくらだけ	おおたきねやま
N 37°32′35″ E 140°41′01″：標高点	N 37°28′01″ E 140°41′20″：鎌倉岳 Ⅲ	N 37°21′18″ E 140°42′06″：大滝根山 Ⅰ
福島県：阿武隈高地	福島県：阿武隈高地	福島県：阿武隈高地
上移	常葉	上大越　三百名山
天王山Ⅲ（1054.6m）		

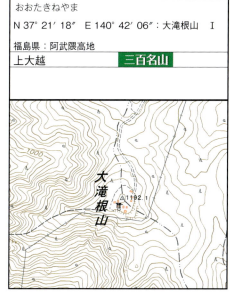

238 屹兎屋山 875m	239 蓬田岳 952m	240 三大明神山 706m
きっとやさん	よもぎだだけ	さんだいみょうじんやま
N 37°12′38″ E 140°52′03″：屹兎屋山 Ⅰ	N 37°15′57″ E 140°32′05″：蓬田岳 Ⅰ	N 37°03′07″ E 140°45′45″：標高点
福島県：阿武隈高地	福島県：阿武隈高地	福島県：阿武隈高地
川前	田母神	常磐湯本

241 竪破山 658m	242 男体山 654m	243 高鈴山 623m
たつわれさん	なんたいさん	たかすずやま
N 36°42′39″ E 140°33′44″：立割山 Ⅱ	N 36°43′27″ E 140°25′11″：頃藤 Ⅰ	N 36°37′16″ E 140°35′16″：高鈴山 Ⅰ
茨城県：阿武隈高地	茨城県：阿武隈高地	茨城県：阿武隈高地
竪破山	大中宿	町屋
たてわれさん		

244 八溝山 1022m	245 吾国山 518m	246 加波山 709m
やみぞさん	わがくにさん	かばさん
N 36°55'49″ E 140°16'23″：八溝山 Ⅰ	N 36°19'19″ E 140°12'04″：吾国山 Ⅰ	N 36°17'56″ E 140°08'37″：加波 Ⅲ
茨城県 福島県：八溝山・筑波山	茨城県：八溝山・筑波山	茨城県：八溝山・筑波山
八溝山　三百名山	加波山	加波山
茨城県最高峰		

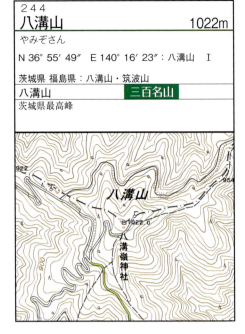 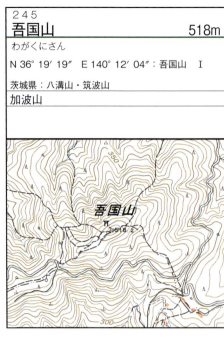 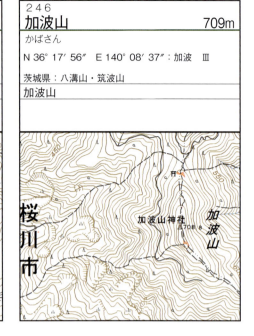

247 筑波山 877m	248 三本槍岳 1917m	249 那須岳＜茶臼岳＞ 1915m
つくばさん	さんぼんやりだけ	なすだけ＜ちゃうすだけ＞
N 36°13'31″ E 140°06'24″：測定点	N 37°09'01″ E 139°57'41″：三倉山 Ⅰ	N 37°07'29″ E 139°57'47″：標高点
茨城県：八溝山・筑波山	福島県 栃木県：那須・日光	栃木県：那須・日光
筑波　百名山	那須岳　百名山	那須岳　百名山　活火山
筑波山Ⅰ（875.9m）		那須岳Ⅳ（1897.6m）

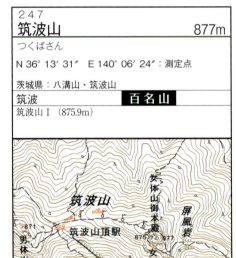  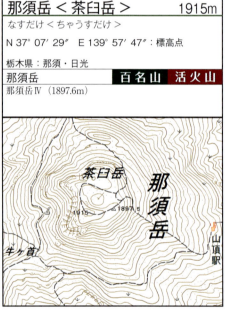

250 男鹿岳 1777m	251 大佐飛山 1908m	252 高原山＜釈迦ヶ岳＞ 1795m
おがたけ	おおさびやま	たかはらやま＜しゃかがだけ＞
N 37°05'07″ E 139°49'19″：男鹿岳 Ⅲ	N 37°03'49″ E 139°50'40″：大蛇尾山 Ⅱ	N 36°54'00″ E 139°46'36″：高原山 Ⅰ
福島県 栃木県：那須・日光	栃木県：那須・日光	栃木県：那須・日光
日留賀岳　三百名山	日留賀岳	高原山　三百名山　活火山
おじかだけ		

 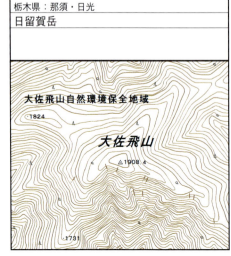 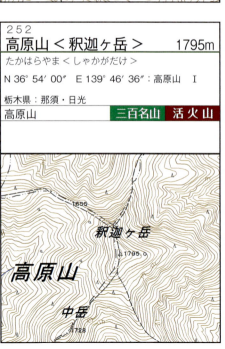

253-1 女峰山 2483m	253-2 女峰山＜大真名子山＞ 2376m	253-3 女峰山＜小真名子山＞ 2323m
にょほうさん	にょほうさん＜おおまなごさん＞	にょほうさん＜こまなごさん＞
N 36°48′41″ E 139°32′11″：標高点	N 36°47′43″ E 139°30′26″：大真名子 Ⅲ	N 36°48′26″ E 139°30′39″：小真名子 Ⅲ
栃木県：那須・日光	栃木県：那須・日光	栃木県：那須・日光
日光北部　　二百名山	日光北部	日光北部
女峰山Ⅱ（2463.5m）	H 26 三角点標高改訂	

254 太郎山 2368m	255 男体山 2486m	256 白根山 2578m
たろうさん	なんたいさん	しらねさん
N 36°49′04″ E 139°28′58″：太郎山 Ⅲ	N 36°45′54″ E 139°29′27″：測定点	N 36°47′55″ E 139°22′33″：標高点
栃木県：那須・日光	栃木県：那須・日光	群馬県 栃木県：那須・日光
男体山　　三百名山	男体山　　百名山	男体山　　百名山　活火山
H 26 三角点標高改訂	H 15 現地計測による標高改訂	栃木県・群馬県最高峰　日光白根山（にっこうしらねさん）

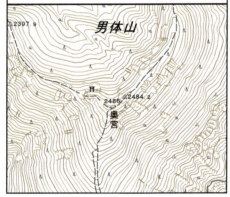

257 皇海山 2144m	258 庚申山 1892m	259 袈裟丸山 1961m
すかいさん	こうしんさん	けさまるやま
N 36°41′24″ E 139°20′13″：皇海山 Ⅱ	N 36°40′23″ E 139°21′40″：標高点	N 36°38′58″ E 139°19′38″：標高点
栃木県 群馬県：那須・日光	栃木県：那須・日光	栃木県 群馬県：那須・日光
皇海山　　百名山	皇海山	袈裟丸山　　三百名山
H 26 三角点標高改訂		

260 横根山　　　　　　　　1373m	261-1 赤城山＜黒檜山＞　　　1828m	261-2 赤城山＜地蔵岳＞　　　1674m
よこねやま N 36° 37′ 11″　E 139° 31′ 20″：横根　Ⅱ 栃木県：那須・日光 古峰原	あかぎさん＜くろびさん＞ N 36° 33′ 37″　E 139° 11′ 36″：黒檜山　Ⅲ 群馬県：那須・日光 赤城山　　　　　　　百名山　活火山 赤城山（あかぎやま）	あかぎさん＜じぞうだけ＞ N 36° 32′ 28″　E 139° 10′ 38″：赤城山　Ⅰ 群馬県：那須・日光 赤城山　　　　　　　　　　　活火山

262 博士山　　　　　　　　1482m	263 小野岳　　　　　　　　1383m	264 七ヶ岳＜一番岳＞　　　1636m
はかせやま N 37° 21′ 47″　E 139° 42′ 53″：博士山　Ⅰ 福島県：南会津・尾瀬 博士山	おのだけ N 37° 19′ 33″　E 139° 53′ 12″：小野岳　Ⅱ 福島県：南会津・尾瀬 湯野上 H 26 三角点標高改訂	ななつがたけ＜いちばんだけ＞ N 37° 07′ 27″　E 139° 39′ 27″：七ツケ岳　Ⅰ 福島県：南会津・尾瀬 糸沢　　　　　　　　　三百名山

265 荒海山（太郎岳）　　　1581m	266 田代山　　　　　　　　1971m	267 帝釈山　　　　　　　　2060m
あらかいざん（たろうだけ） N 37° 02′ 10″　E 139° 38′ 37″：標高点 福島県 栃木県：南会津・尾瀬 荒海山　　　　　　　　三百名山 太郎岳（1580.4m）	たしろやま N 36° 58′ 28″　E 139° 28′ 42″：標高点 福島県：南会津・尾瀬 帝釈山	たいしゃくさん N 36° 58′ 11″　E 139° 27′ 36″：帝釈山　Ⅱ 福島県 栃木県：南会津・尾瀬 帝釈山　　　　　　　　二百名山

268 黒岩山　2163m	269 鬼怒沼山　2141m	270 朝日岳　1624m
くろいわやま N 36°54′32″　E 139°23′37″：黒岩山 Ⅱ 栃木県 群馬県：南会津・尾瀬 川俣温泉	きぬぬまやま N 36°52′58″　E 139°22′18″：鬼怒沼 Ⅲ 栃木県 群馬県：南会津・尾瀬 三平峠	あさひだけ N 37°13′16″　E 139°20′23″：朝日岳 Ⅲ 福島県：南会津・尾瀬 会津朝日岳　　二百名山 会津朝日岳（あいづあさひだけ）

271 丸山岳　1820m	272 駒ヶ岳　2133m	273 平ヶ岳　2141m
まるやまだけ N 37°10′22″　E 139°20′05″：白戸山 Ⅱ 福島県：南会津・尾瀬 会津朝日岳	こまがたけ N 37°02′51″　E 139°21′13″：測定点 福島県：南会津・尾瀬 会津駒ヶ岳　　百名山 会津駒ヶ岳（あいづこまがたけ） 岩駒ヶ岳Ⅰ（2132.4m）	ひらがたけ N 37°00′07″　E 139°10′15″：標高点 群馬県 新潟県：南会津・尾瀬 尾瀬ヶ原　　百名山

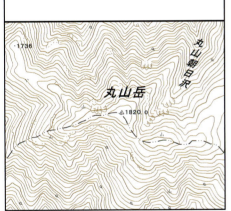
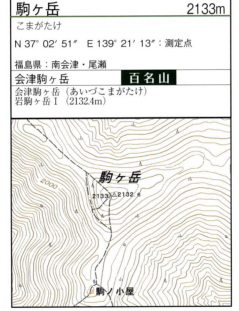

274 景鶴山　2004m	275 燧ヶ岳＜柴安嵓＞　2356m	276 至仏山　2228m
けいづるやま N 36°57′25″　E 139°12′38″：標高点 群馬県 新潟県：南会津・尾瀬 尾瀬ヶ原　　三百名山	ひうちがたけ＜しばやすぐら＞ N 36°57′18″　E 139°17′07″：測定点 福島県：南会津・尾瀬 燧ヶ岳　　百名山　活火山 福島県最高峰　燧岳Ⅱ（2346.0m）	しぶつさん N 36°54′13″　E 139°10′24″：至仏山 Ⅱ 群馬県：南会津・尾瀬 至仏山　　百名山

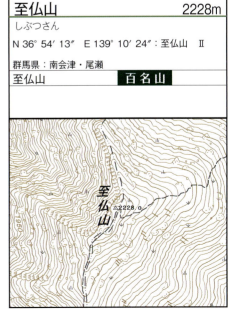

277 武尊山 2158m	278 御神楽岳 1386m	279 粟ヶ岳 1293m
ほたかやま N 36° 48′ 19″　E 139° 07′ 57″：武尊山　Ⅰ 群馬県：南会津・尾瀬 鎌田　**百名山** 沖武尊山（おきほたかやま）	みかぐらだけ N 37° 31′ 19″　E 139° 25′ 33″：御神楽岳　Ⅱ 新潟県：越後山脈 御神楽岳　**二百名山**	あわがたけ N 37° 33′ 19″　E 139° 11′ 19″：粟ケ嶽　Ⅱ 新潟県：越後山脈 粟ヶ岳　**三百名山**

280 矢筈岳 1257m	281 守門岳 1537m	282 浅草岳 1585m
やはずだけ N 37° 30′ 45″　E 139° 15′ 58″：矢筈岳　Ⅱ 新潟県：越後山脈 室谷	すもんだけ N 37° 23′ 52″　E 139° 08′ 12″：守門岳　Ⅱ 新潟県：越後山脈 守門岳　**二百名山**	あさくさだけ N 37° 20′ 37″　E 139° 14′ 01″：浅草岳　Ⅰ 新潟県　福島県：越後山脈 守門岳　**三百名山**

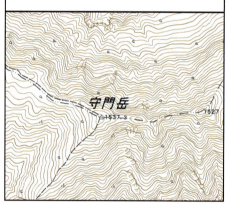

283 毛猛山 1517m	284 未丈ヶ岳 1553m	285 駒ヶ岳 2003m
けもうやま N 37° 15′ 24″　E 139° 10′ 31″：岩沢山　Ⅱ 福島県　新潟県：越後山脈 毛猛山	みじょうがたけ N 37° 11′ 00″　E 139° 11′ 22″：大鳥岳　Ⅱ 新潟県：越後山脈 未丈ヶ岳 山名変更：H 19 関係自治体からの申請による （注）旧山名：未丈が岳	こまがたけ N 37° 07′ 25″　E 139° 04′ 31″：越駒ケ岳　Ⅰ 新潟県：越後山脈 八海山　**百名山** 越後駒ヶ岳（えちごこまがたけ）、魚沼駒ヶ岳（うおぬまこまがたけ）

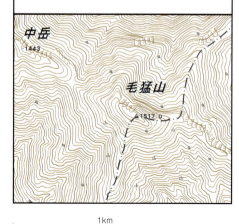
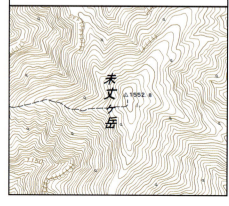

286 八海山＜入道岳＞ 1778m	287 中ノ岳 2085m	288 荒沢岳 1969m
はっかいさん＜にゅうどうだけ＞	なかのだけ	あらさわだけ
N 37°06′14″ E 139°01′29″：標高点	N 37°05′07″ E 139°04′39″：中ノ岳 Ⅲ	N 37°06′02″ E 139°08′53″：荒沢岳 Ⅱ
新潟県：越後山脈	新潟県：越後山脈	新潟県：越後山脈
八海山　二百名山	兎岳　二百名山	奥只見湖　二百名山

289 下津川山 1928m	290 巻機山 1967m	291 大源太山 1598m
しもつごうやま	まきはたやま	だいげんたさん
N 36°59′41″ E 139°03′00″：下津川山 Ⅱ	N 36°58′43″ E 138°57′51″：標高点	N 36°54′09″ E 138°55′37″：標高点
新潟県 群馬県：越後山脈	群馬県 新潟県：越後山脈	新潟県：越後山脈
奥利根湖	巻機山　百名山	茂倉岳
	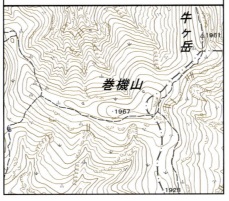	

292-1 朝日岳 1945m	292-2 朝日岳＜白毛門＞ 1720m	293-1 谷川岳＜茂倉岳＞ 1978m
あさひだけ	あさひだけ＜しらがもん＞	たにがわだけ＜しげくらだけ＞
N 36°52′50″ E 138°58′21″：笠ケ岳 Ⅱ	N 36°51′35″ E 138°58′02″：標高点	N 36°50′57″ E 138°55′00″：標高点
群馬県：越後山脈	群馬県：越後山脈	群馬県 新潟県：越後山脈
茂倉岳　三百名山	茂倉岳	茂倉岳

1003 山

293-2 谷川岳＜一ノ倉岳＞ 1974m
たにがわだけ＜いちのくらだけ＞
N 36°50′50″　E 138°55′28″：谷川富士　Ⅰ
群馬県 新潟県：越後山脈
茂倉岳

293-3 谷川岳＜オキノ耳＞ 1977m
たにがわだけ＜おきのみみ＞
N 36°50′14″　E 138°55′48″：標高点
群馬県 新潟県：越後山脈
茂倉岳　**百名山**

294 万太郎山 1954m
まんたろうさん
N 36°49′27″　E 138°52′45″：万太郎　Ⅲ
群馬県 新潟県：越後山脈
水上

295 仙ノ倉山 2026m
せんのくらやま
N 36°49′03″　E 138°50′22″：千倉山　Ⅱ
群馬県 新潟県：越後山脈
三国峠　**二百名山**

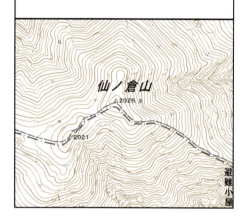

296 吾妻耶山 1341m
あづまやさん
N 36°44′47″　E 138°55′38″：標高点
群馬県：越後山脈
猿ヶ京

297 苗場山 2145m
なえばさん
N 36°50′45″　E 138°41′25″：苗場山　Ⅰ
新潟県 長野県：苗場山・白根山・浅間山
苗場山　**百名山**

298 佐武流山 2192m
さぶりゅうやま
N 36°46′20″　E 138°40′14″：佐武流　Ⅱ
新潟県 長野県：苗場山・白根山・浅間山
佐武流山　**二百名山**

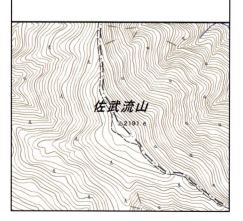

299 白砂山 2140m
しらすなやま
N 36°44′17″　E 138°41′37″：西川浦　Ⅲ
群馬県 長野県：苗場山・白根山・浅間山
野反湖　**二百名山**

300 鳥甲山 2038m
とりかぶとやま
N 36°50′21″　E 138°35′02″：鳥甲　Ⅱ
長野県：苗場山・白根山・浅間山
鳥甲山　**二百名山**

1km

301 高社山(高井富士) 1351m	302-1 岩菅山<裏岩菅山> 2341m	302-2 岩菅山 2295m
こうしゃさん(たかいふじ)	いわすげやま<うらいわすげやま>	いわすげやま
N 36° 47′ 57″ E 138° 24′ 14″：高社山 Ⅱ	N 36° 45′ 10″ E 138° 34′ 05″：標高点	N 36° 44′ 31″ E 138° 33′ 34″：岩菅山 Ⅰ
長野県：苗場山・白根山・浅間山	長野県：苗場山・白根山・浅間山	長野県：苗場山・白根山・浅間山
夜間瀬	岩菅山	岩菅山　二百名山
たかやしろやま	いわすご(うらいわすごやま)	いわすごやま
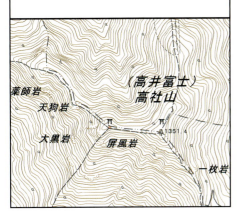		

303 志賀山 2037m	304 笠ヶ岳 2076m	305 横手山 2307m
しがやま	かさがたけ	よこてやま
N 36° 42′ 01″ E 138° 30′ 57″：標高点	N 36° 40′ 36″ E 138° 28′ 53″：笠ケ岳 Ⅱ	N 36° 40′ 08″ E 138° 31′ 33″：標高点
長野県：苗場山・白根山・浅間山	長野県：苗場山・白根山・浅間山	群馬県 長野県：苗場山・白根山・浅間山
岩菅山	中野東部　三百名山	上野草津　三百名山
志賀Ⅲ(2035.5m)		横手山Ⅱ(2304.9m)
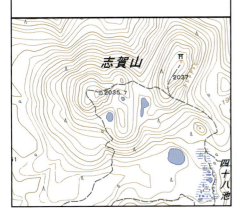	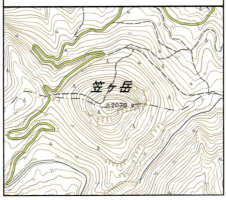	

306 白根山 2160m	307 本白根山 2171m	308-1 四阿山 2354m
しらねさん	もとしらねさん	あずまやさん
N 36° 38′ 38″ E 138° 31′ 40″：標高点	N 36° 37′ 22″ E 138° 31′ 55″：標高点	N 36° 32′ 30″ E 138° 24′ 47″：標高点
群馬県：苗場山・白根山・浅間山	群馬県：苗場山・白根山・浅間山	長野県 群馬県：苗場山・白根山・浅間山
上野草津　活火山	上野草津　百名山	四阿山　百名山
草津白根山(くさつしらねさん)		

1003山

308-2 四阿山＜根子岳＞ 2207m
あずまやさん＜ねこだけ＞
N 36°32′57″ E 138°23′43″：標高点
長野県：苗場山・白根山・浅間山
四阿山

309 湯ノ丸山 2101m
ゆのまるやま
N 36°26′05″ E 138°24′04″：標高点
長野県 群馬県：苗場山・白根山・浅間山
嬬恋田代

310 篭ノ登山＜東篭ノ登山＞ 2228m
かごのとやま＜ひがしかごのとやま＞
N 36°25′10″ E 138°26′50″：籠塔山 Ⅰ
長野県 群馬県：苗場山・白根山・浅間山
車坂峠
H 26 三角点標高改訂

311 浅間山 2568m
あさまやま
N 36°24′24″ E 138°31′23″：標高点
群馬県 長野県：苗場山・白根山・浅間山
浅間山　百名山　活火山

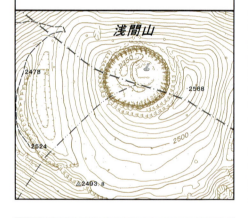

312 浅間隠山 1757m
あさまかくしやま
N 36°27′13″ E 138°39′09″：浅間隠シ Ⅱ
群馬県：苗場山・白根山・浅間山
浅間隠山　二百名山

313 鼻曲山 1655m
はなまがりやま
N 36°24′39″ E 138°38′44″：標高点
群馬県：苗場山・白根山・浅間山
軽井沢

314 榛名山＜掃部ヶ岳＞ 1449m
はるなさん＜かもんがたけ＞
N 36°28′39″ E 138°51′03″：標高点
群馬県：苗場山・白根山・浅間山
榛名湖　二百名山　活火山

315 子持山 1296m
こもちやま
N 36°35′31″ E 138°59′52″：子持山 Ⅰ
群馬県：苗場山・白根山・浅間山
沼田

316 妙義山＜相馬岳＞ 1104m
みょうぎさん＜そうまだけ＞
N 36°17′55″ E 138°44′56″：相馬ケ岳 Ⅱ
群馬県：関東山地
松井田　二百名山

1km

317 荒船山 1423m	318 赤久縄山 1523m	319 御荷鉾山＜西御荷鉾山＞1287m
あらふねやま	あかぐなやま	みかぼやま＜にしみかぼやま＞
N 36°12′14″ E 138°38′14″：荒船山 Ⅱ	N 36°08′37″ E 138°50′36″：赤久縄 Ⅰ	N 36°09′08″ E 138°55′06″：西御荷鉾 Ⅱ
群馬県 長野県：関東山地	群馬県：関東山地	群馬県：関東山地
荒船山　　　　二百名山	神ヶ原	万場
	H 26 三角点標高改訂	H 26 三角点標高改訂

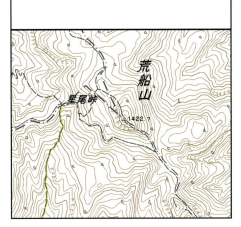  

320 二子山 1166m	321 両神山 1723m	322 御座山 2112m
ふたごやま	りょうかみさん	おぐらさん
N 36°04′11″ E 138°51′49″：二子山 Ⅲ	N 36°01′24″ E 138°50′29″：両神山 Ⅱ	N 36°02′02″ E 138°36′24″：標高点
埼玉県：関東山地	埼玉県：関東山地	長野県：関東山地
両神山	両神山　　　　百名山	信濃中島　　　　二百名山

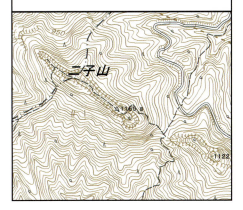  

323 三宝山 2483m	324 甲武信ヶ岳 2475m	325 横尾山 1818m
さんぽうやま	こぶしがたけ	よこおやま
N 35°55′03″ E 138°43′40″：国師岳Ⅱ Ⅰ	N 35°54′32″ E 138°43′44″：標高点	N 35°55′08″ E 138°31′16″：横尾山 Ⅱ
埼玉県 長野県：関東山地	埼玉県 山梨県 長野県：関東山地	山梨県 長野県：関東山地
金峰山	金峰山　　　　百名山	瑞牆山
埼玉県最高峰		

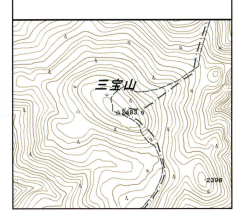  

326 瑞牆山 2230m	327 金峰山 2599m	328 朝日岳 2579m
みずがきやま	きんぷさん	あさひだけ
N 35°53′36″ E 138°35′31″：標高点	N 35°52′17″ E 138°37′31″：測定点	N 35°52′28″ E 138°38′33″：標高点
山梨県：関東山地	山梨県 長野県：関東山地	山梨県 長野県：関東山地
瑞牆山　百名山	金峰山　百名山	金峰山
	金峰山Ⅲ（2595.0m）	
		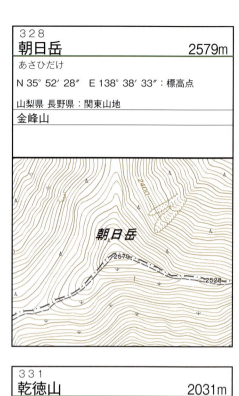

329 国師ヶ岳 2592m	330 北奥千丈岳 2601m	331 乾徳山 2031m
こくしがたけ	きたおくせんじょうだけ	けんとくさん
N 35°52′15″ E 138°40′23″：国師岳 Ⅰ	N 35°52′07″ E 138°40′15″：標高点	N 35°49′23″ E 138°42′54″：標高点
山梨県 長野県：関東山地	山梨県：関東山地	山梨県：関東山地
金峰山　三百名山	金峰山	川浦　二百名山
	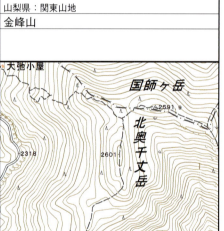	

332 小楢山 1713m	333 茅ヶ岳 1704m	334 堂平山 876m
こならやま	かやがたけ	どうだいらさん
N 35°46′54″ E 138°39′51″：中牧村 Ⅱ	N 35°47′42″ E 138°30′50″：茅ヶ岳 Ⅱ	N 36°00′21″ E 139°11′24″：堂平山 Ⅰ
山梨県：関東山地	山梨県：関東山地	埼玉県：関東山地
川浦	茅ヶ岳　二百名山	安戸
	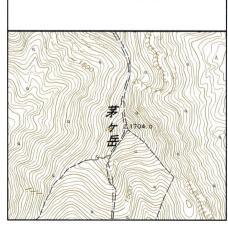	

1km

335 武甲山 1304m	336 伊豆ヶ岳 851m	337 川乗山 1363m
ぶこうさん	いずがたけ	かわのりやま
N 35°57′06″ E 139°05′52″：測定点	N 35°55′37″ E 139°09′38″：伊豆岳 Ⅲ	N 35°51′03″ E 139°06′25″：火打石 Ⅱ
埼玉県：関東山地	埼玉県：関東山地	東京都：関東山地
秩父　　二百名山	正丸峠	武蔵日原
H14現地計測による標高改訂		川苔山（かわのりやま）

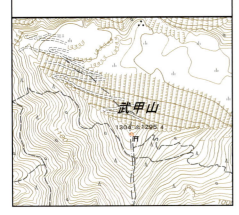  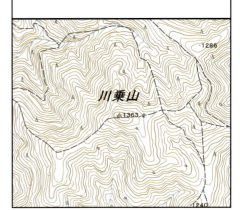

338 酉谷山 1718m	339 雲取山 2017m	340 白石山 2036m
とりだにやま	くもとりやま	はくせきさん
N 35°53′50″ E 139°00′37″：小川 Ⅱ	N 35°51′20″ E 138°56′38″：雲取山 Ⅰ	N 35°53′58″ E 138°52′41″：白石 Ⅱ
埼玉県 東京都：関東山地	埼玉県 東京都：関東山地	埼玉県：関東山地
武蔵日原	雲取山　　百名山	雁坂峠　　二百名山
黒ドッケ（くろどっけ）	東京都最高峰	しろいしやま、和名倉山（わなぐらやま）

341 唐松尾山 2109m	342 大洞山（飛龍山） 2077m	343 鶏冠山（黒川山） 1716m
からまつおやま	おおぼらやま（ひりゅうやま）	けいかんやま（くろかわやま）
N 35°52′04″ E 138°50′43″：唐松尾 Ⅲ	N 35°50′24″ E 138°53′32″：標高点	N 35°47′19″ E 138°50′09″：標高点
埼玉県 山梨県：関東山地	埼玉県 山梨県：関東山地	山梨県：関東山地
雁坂峠	雲取山	柳沢峠
		黒川鶏冠山（くろかわけいかんざん） 黒川Ⅲ（1710.0m）

344 大菩薩嶺　2057m
だいぼさつれい
N 35°44′56″　E 138°50′44″：大菩薩　Ⅲ
山梨県：関東山地
大菩薩峠　　百名山

345 小金沢山　2014m
こがねざわやま
N 35°43′01″　E 138°51′24″：雨沢　Ⅲ
山梨県：関東山地
大菩薩峠

346 雁ケ腹摺山　1874m
がんがはらすりやま
N 35°41′13″　E 138°53′06″：標高点
山梨県：関東山地
七保

347-1 権現山　1312m
ごんげんやま
N 35°40′04″　E 139°01′17″：棚頭山　Ⅱ
山梨県：関東山地
上野原

347-2 権現山＜扇山＞　1138m
ごんげんやま＜おうぎやま＞
N 35°38′14″　E 139°00′50″：標高点
山梨県：関東山地
上野原

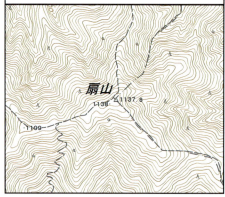

348 三頭山　1531m
みとうさん
N 35°44′21″　E 139°00′50″：標高点
東京都：関東山地
猪丸　　三百名山

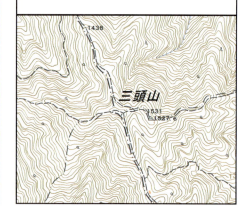

349 大岳山　1266m
おおだけさん
N 35°45′55″　E 139°07′49″：大岳　Ⅱ
東京都：関東山地
武蔵御岳　　二百名山

350 陣馬山（陣場山）　855m
じんばさん（じんばさん）
N 35°39′08″　E 139°10′00″：標高点
東京都　神奈川県：関東山地
与瀬

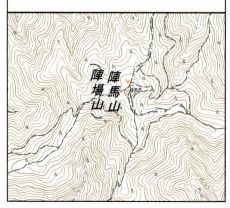

351 高尾山　599m
たかおさん
N 35°37′31″　E 139°14′37″：高尾山　Ⅱ
東京都：関東山地
与瀬

1km

352 清澄山＜妙見山＞ 377m
きよすみやま＜みょうけんやま＞
N 35°09′45″ E 140°09′08″：標高点
千葉県：房総・三浦
安房小湊

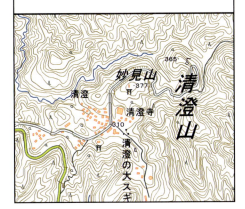

353 鹿野山 379m
かのうざん
N 35°15′20″ E 139°58′18″：測定点
千葉県：房総・三浦
鹿野山
標高は白鳥峰の標高を示す

354 鋸山 329m
のこぎりやま
N 35°09′37″ E 139°50′27″：鋸山 Ⅰ
千葉県：房総・三浦
保田

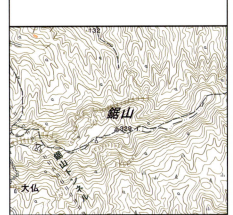

355 富山 349m
とみさん
N 35°05′56″ E 139°52′53″：富山 Ⅲ
千葉県：房総・三浦
金束
H26三角点標高改訂

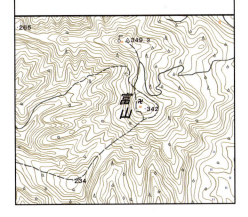

356 伊予ヶ岳 336m
いよがたけ
N 35°06′26″ E 139°54′50″：伊予岳 Ⅱ
千葉県：房総・三浦
金束
H23三角点改測

357 愛宕山 408m
あたごやま
N 35°06′54″ E 139°59′13″：二ツ山 Ⅲ
千葉県：房総・三浦
金束
千葉県最高峰

358 大山 193m
おおやま
N 34°57′51″ E 139°46′40″：房大山 Ⅰ
千葉県：房総・三浦
館山
房ノ大山（ぼうのおおやま）。H26三角点標高改訂

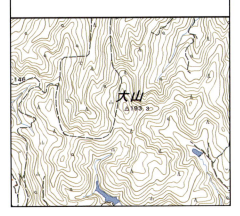

359 大楠山 241m
おおぐすやま
N 35°15′00″ E 139°37′41″：大楠山 Ⅱ
神奈川県：房総・三浦
浦賀

360 大山 1252m
おおやま
N 35°26′27″ E 139°13′53″：標高点
神奈川県：丹沢山地
大山　三百名山

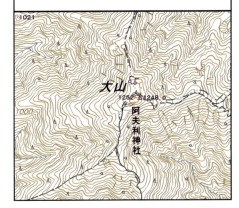

361-1 丹沢山＜蛭ヶ岳＞ 1673m
たんざわさん＜ひるがたけ＞
N 35°29′11″ E 139°08′20″：標高点
神奈川県：丹沢山地
大山　百名山
神奈川県最高峰　たんざわやま

361-2 丹沢山 1567m
たんざわさん
N 35°28′27″ E 139°09′46″：丹沢山 Ⅰ
神奈川県：丹沢山地
大山　百名山

361-3 丹沢山＜塔ノ岳（塔ヶ岳）＞ 1491m
たんざわさん＜とうのだけ（とうがたけ）＞
N 35°27′15″ E 139°09′48″：塔ヶ岳 Ⅲ
神奈川県：丹沢山地
大山

362 大室山 1587m
おおむろやま
N 35°30′39″ E 139°04′07″：大群山 Ⅱ
神奈川県 山梨県：丹沢山地
大室山
おおむれやま。H26三角点標高改訂

363 御正体山 1681m
みしょうたいやま
N 35°29′13″ E 138°55′54″：御正体山 Ⅰ
山梨県：丹沢山地
御正体山　二百名山
H26三角点標高改訂

364 菰釣山 1379m
こもつるしやま
N 35°27′50″ E 138°58′43″：標高点
神奈川県 山梨県：丹沢山地
御正体山

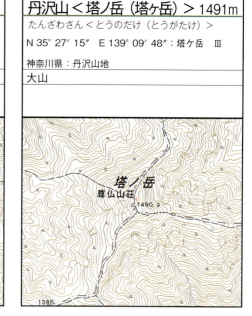

365 三ッ峠山 1785m
みつとうげやま
N 35°32′57″ E 138°48′33″：水峠 Ⅱ
山梨県：富士山とその周辺
河口湖東部　二百名山

366-1 黒岳 1793m
くろたけ
N 35°33′07″ E 138°44′58″：黒岳 Ⅰ
山梨県：富士山とその周辺
河口湖東部　三百名山
御坂黒岳（みさかくろたけ）

366-2 黒岳＜釈迦ヶ岳＞ 1641m
くろたけ＜しゃかがたけ＞
N 35°33′47″ E 138°43′13″：標高点
山梨県：富士山とその周辺
河口湖西部

1km

1003 山

367 節刀ヶ岳　　　　1736m
せっとうがたけ
N 35°31′43″　E 138°41′00″：標高点
山梨県：富士山とその周辺
河口湖西部
せっちょうがたけ

368 富士山＜剣ヶ峯＞　　3776m
ふじさん＜けんがみね＞
N 35°21′39″　E 138°43′39″：測定点
山梨県 静岡県：富士山とその周辺
富士山　　百名山　活火山
山梨県・静岡県最高峰　富士山Ⅱ（3775.6m）

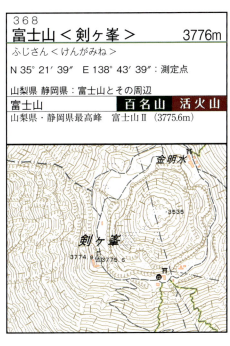

369 愛鷹山＜越前岳＞　　1504m
あしたかやま＜えちぜんだけ＞
N 35°14′17″　E 138°47′38″：印野村　Ⅱ
静岡県：富士山とその周辺
愛鷹山　　二百名山

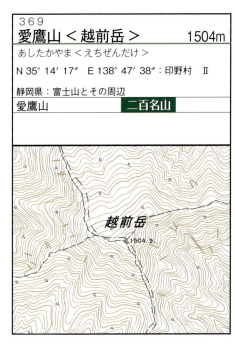

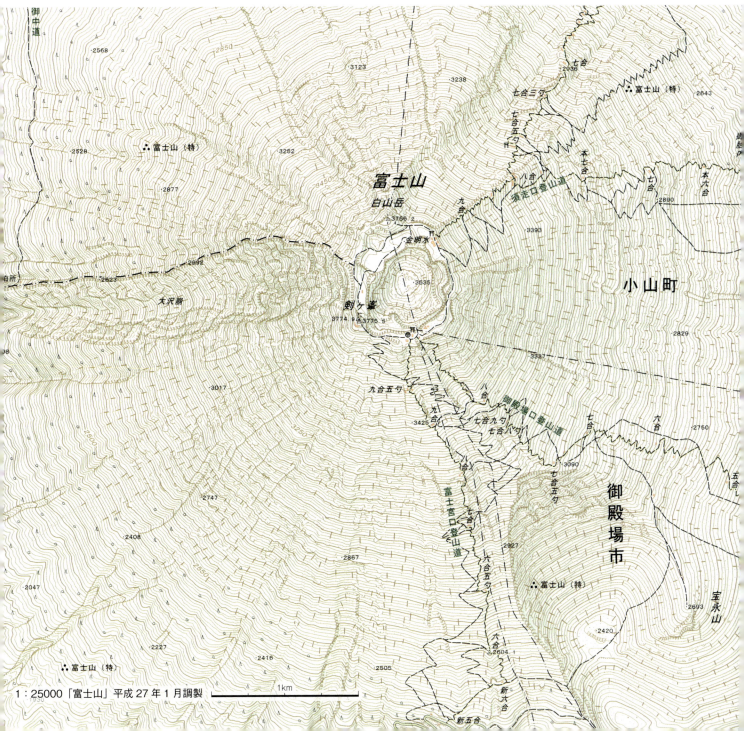

1：25000「富士山」平成27年1月調製

370 毛無山　1964m	371 天子ヶ岳　1330m	372-1 箱根山＜神山＞　1438m
けなしやま	てんしがたけ	はこねやま＜かみやま＞
N 35°24′57″　E 138°32′38″：標高点	N 35°19′45″　E 138°32′12″：標高点	N 35°14′00″　E 139°01′15″：冠ケ岳　Ⅰ
山梨県 静岡県：富士山とその周辺	静岡県：富士山とその周辺	神奈川県：箱根山・伊豆半島
人穴　　　　二百名山	上井出	箱根　　　三百名山　活火山

372-2 箱根山＜金時山＞　1212m	373 玄岳　798m	374 大室山　580m
はこねやま＜きんときざん＞	くろたけ	おおむろやま
N 35°17′23″　E 139°00′18″：金時山　Ⅲ	N 35°04′54″　E 139°01′41″：玄岳　Ⅱ	N 34°54′11″　E 139°05′41″：大室山　Ⅲ
静岡県 神奈川県：箱根山・伊豆半島	静岡県：箱根山・伊豆半島	静岡県：箱根山・伊豆半島
関本　　　三百名山　活火山	網代	天城山　　　　　　　活火山
H26三角点標高改訂		

375 天城山＜万三郎岳＞　1406m	376 達磨山　982m	377 長九郎山　996m
あまぎさん＜ばんざぶろうだけ＞	だるまやま	ちょうくろうやま
N 34°51′46″　E 139°00′06″：万城岳　Ⅰ	N 34°57′18″　E 138°50′21″：達磨山　Ⅰ	N 34°47′18″　E 138°52′05″：長九郎　Ⅲ
静岡県：箱根山・伊豆半島	静岡県：箱根山・伊豆半島	静岡県：箱根山・伊豆半島
天城山　　　百名山	達磨山	仁科
H26三角点標高改訂		

378 三原山＜三原新山＞ 758m	379 宮塚山 508m	380 天上山 572m
みはらやま＜みはらしんざん＞	みやつかやま	てんじょうさん
N 34°43′28″ E 139°23′40″：標高点	N 34°31′13″ E 139°16′45″：利島 Ⅱ	N 34°13′10″ E 139°09′11″：神津島 Ⅱ
東京都：伊豆諸島（大島）	東京都：伊豆諸島（利島）	東京都：伊豆諸島（神津島）
大島南部　活火山	利島　活火山	神津島　活火山
H18 地形図更新に伴う標高改訂		H14 三角点改測

381 雄山 775m	382 御山 851m	383 西山（八丈富士） 854m
おやま	おやま	にしやま（はちじょうふじ）
N 34°05′37″ E 139°31′34″：標高点	N 33°52′28″ E 139°36′07″：御蔵島 Ⅱ	N 33°08′13″ E 139°45′58″：八丈富士 Ⅱ
東京都：伊豆諸島（三宅島）	東京都：伊豆諸島（御蔵島）	東京都：伊豆諸島（八丈島）
三宅島　活火山	御蔵島　活火山	八丈島　活火山
H16 地形図更新に伴う標高改訂		

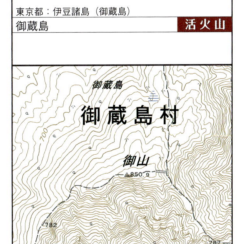
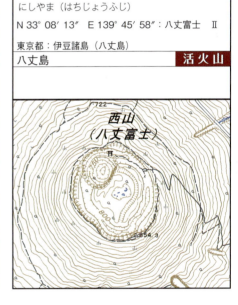

384 硫黄山 394m	385 中央山 320m	386 乳房山 463m
いおうやま	ちゅうおうざん	ちぶさやま
N 30°29′02″ E 140°18′11″：標高点	N 27°04′24″ E 142°13′07″：中央山 Ⅲ	N 26°39′34″ E 142°09′41″：乳房山 Ⅲ
東京都：伊豆諸島（鳥島）	東京都：小笠原諸島（父島）	東京都：小笠原諸島（母島）
鳥島　活火山	父島	母島北部

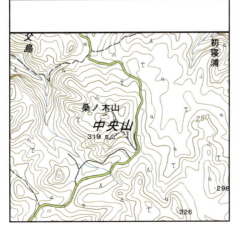

387 榊ヶ峰 792m	388 摺鉢山（パイプ山） 170m	389 ［南硫黄島］ 916m
さかきがみね	すりばちやま（ぱいぷやま）	［みなみいおうとう］
N 25° 25′ 41″　E 141° 16′ 51″：標高点	N 24° 45′ 02″　E 141° 17′ 21″：測定点	N 24° 14′ 02″　E 141° 27′ 48″：標高点
東京都：小笠原諸島（北硫黄島）	東京都：小笠原諸島（硫黄島）	東京都：小笠原諸島（南硫黄島）
北硫黄島	硫黄島　　　　　　　　　　活火山	南硫黄島
	H 25 現地計測による標高改訂	（注）地形図に山名の記載なし

390 金北山 1172m	391 大地山 646m	392 弥彦山 634m
きんぽくさん	おおじやま	やひこやま
N 38° 06′ 14″　E 138° 20′ 59″：金北山 II	N 37° 57′ 31″　E 138° 28′ 47″：大地山 II	N 37° 42′ 17″　E 138° 48′ 32″：標高点
新潟県：佐渡	新潟県：佐渡	新潟県：東頸城丘陵
金北山　　　　　　三百名山	畑野	弥彦

393 米山 993m	394 黒姫山 891m	395 菱ヶ岳 1129m
よねやま	くろひめさん	ひしがたけ
N 37° 17′ 22″　E 138° 29′ 02″：米山 I	N 37° 13′ 34″　E 138° 35′ 32″：標高点	N 37° 01′ 56″　E 138° 29′ 36″：菱ヶ岳 I
新潟県：東頸城丘陵	新潟県：東頸城丘陵	新潟県：東頸城丘陵
柿崎　　　　　　　三百名山	石黒	柳島
	黒姫 II（889.5m）	

396 斑尾山　1382m	397 鉾ヶ岳　1316m	398 駒ヶ岳　1498m
まだらおやま	ほこがたけ	こまがたけ
N 36°50′15″ E 138°16′28″：斑尾山 Ⅰ	N 37°01′43″ E 138°01′35″：鉾ケ岳 Ⅰ	N 36°56′34″ E 137°56′54″：標高点
長野県：東頸城丘陵	新潟県：妙高山とその周辺	新潟県：妙高山とその周辺
飯山　　三百名山	槇	越後大野

399 鋸岳　1631m	400 焼山　2400m	401 雨飾山　1963m
のこぎりだけ	やけやま	あまかざりやま
N 36°55′55″ E 137°58′08″：鬼ケ面 Ⅲ	N 36°55′15″ E 138°02′09″：焼山 Ⅱ	N 36°54′07″ E 137°57′45″：雨飾山 Ⅱ
新潟県：妙高山とその周辺（海谷山地）	新潟県：妙高山とその周辺	新潟県 長野県：妙高山とその周辺
越後大野	湯川内　　三百名山　活火山	雨飾山　　百名山

402 火打山　2462m	403 妙高山　2454m	404 黒姫山　2053m
ひうちやま	みょうこうさん	くろひめやま
N 36°55′22″ E 138°04′05″：火打山 Ⅲ	N 36°53′29″ E 138°06′48″：標高点	N 36°48′48″ E 138°07′38″：標高点
新潟県：妙高山とその周辺	新潟県：妙高山とその周辺	長野県：妙高山とその周辺
湯川内　　百名山	妙高山　　百名山　活火山	信濃柏原　　二百名山
	妙高山Ⅰ（2445.9m）	

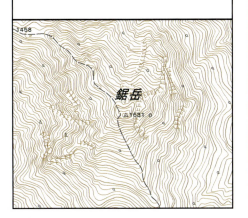
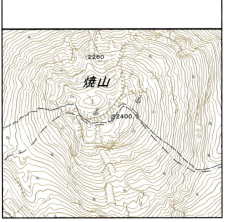
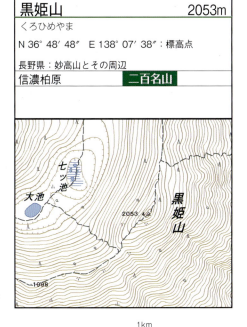

1003 山

405 高妻山　2353m	406 戸隠山　1904m	407 飯縄山（飯綱山）　1917m
たかつまやま	とがくしやま	いいづなやま（いいづなやま）
N 36°48′00″ E 138°03′07″：高妻山　Ⅱ	N 36°46′13″ E 138°03′18″：標高点	N 36°44′22″ E 138°08′01″：飯縄山　Ⅱ
新潟県 長野県：妙高山とその周辺	長野県：妙高山とその周辺	長野県：妙高山とその周辺
高妻山　**百名山**	高妻山　**二百名山**	若槻　**二百名山**

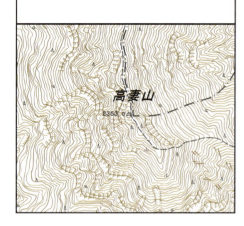  

408 虫倉山　1378m	409 聖山　1447m	410 冠着山（姨捨山）　1252m
むしくらやま	ひじりやま	かむりきやま（おばすてやま）
N 36°38′59″ E 138°01′09″：	N 36°29′03″ E 138°01′17″：聖山　Ⅰ	N 36°28′08″ E 138°06′24″：冠着　Ⅲ
長野県：妙高山とその周辺	長野県：筑摩山地	長野県：筑摩山地
信濃中条	麻績	麻績
H27 三角点「虫倉」は山体の一部崩落により廃点（標高は参考値）		

 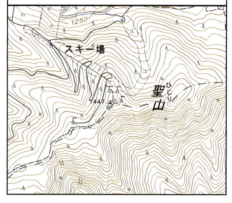 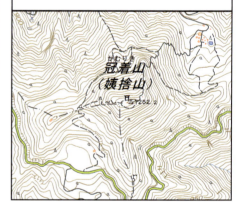

411 美ヶ原＜王ヶ頭＞　2034m	412 鉢伏山　1929m	413 霧ヶ峰＜車山＞　1925m
うつくしがはら＜おうがとう＞	はちぶせやま	きりがみね＜くるまやま＞
N 36°13′33″ E 138°06′27″：美ヶ原　Ⅲ	N 36°09′47″ E 138°03′33″：鉢伏山　Ⅱ	N 36°06′11″ E 138°11′48″：車沢　Ⅱ
長野県：筑摩山地	長野県：筑摩山地	長野県：霧ヶ峰・八ヶ岳
山辺　**百名山**	鉢伏山　**三百名山**	霧ヶ峰　**百名山**
	H26 三角点標高改訂	

  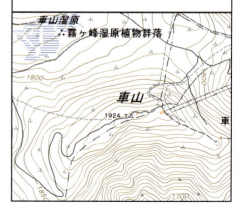

1km

414 蓼科山 2531m	415 横岳 2480m	416 縞枯山 2403m
たてしなやま	よこだけ	しまがれやま
N 36°06′13″ E 138°17′42″：蓼科山 Ⅰ	N 36°05′15″ E 138°19′12″：標高点	N 36°04′32″ E 138°19′52″：標高点
長野県：霧ヶ峰・八ヶ岳	長野県：霧ヶ峰・八ヶ岳	長野県：霧ヶ峰・八ヶ岳
蓼科山　**百名山**	蓼科山　**活火山**	蓼科
H26 三角点標高改訂		

417 天狗岳 2646m	418 峰の松目 2568m	419 硫黄岳 2760m
てんぐだけ	みねのまつめ	いおうだけ
N 36°01′09″ E 138°21′20″：東岳 Ⅱ	N 35°59′49″ E 138°21′02″：峰ノ松目 Ⅲ	N 35°59′55″ E 138°22′12″：標高点
長野県：霧ヶ峰・八ヶ岳	長野県：霧ヶ峰・八ヶ岳	長野県：霧ヶ峰・八ヶ岳
蓼科　**二百名山**	八ヶ岳西部	八ヶ岳西部
	H26 三角点標高改訂	

420 横岳 2829m	421 赤岳 2899m	422 阿弥陀岳 2805m
よこだけ	あかだけ	あみだだけ
N 35°59′05″ E 138°22′25″：標高点	N 35°58′15″ E 138°22′12″：赤岳 Ⅰ	N 35°58′20″ E 138°21′32″：標高点
長野県：霧ヶ峰・八ヶ岳	長野県 山梨県：霧ヶ峰・八ヶ岳	長野県：霧ヶ峰・八ヶ岳
八ヶ岳東部	八ヶ岳西部　**百名山**	八ヶ岳西部

423-1 権現岳 2715m	423-2 権現岳＜西岳＞ 2398m	423-3 権現岳＜三ッ頭＞ 2580m
ごんげんだけ N 35°56′59″ E 138°21′35″：標高点 山梨県：霧ヶ峰・八ヶ岳 八ヶ岳西部	ごんげんだけ＜にしだけ＞ N 35°57′00″ E 138°20′06″：標高点 長野県：霧ヶ峰・八ヶ岳 八ヶ岳西部	ごんげんだけ＜みつがしら＞ N 35°56′32″ E 138°21′50″：標高点 山梨県：霧ヶ峰・八ヶ岳 八ヶ岳西部
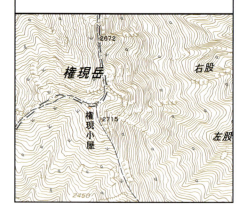		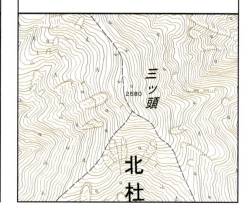

424 編笠山 2524m	425 黒姫山 1221m	426 明星山 1188m
あみがさやま N 35°56′30″ E 138°20′42″：編笠岳 II 山梨県 長野県：霧ヶ峰・八ヶ岳 八ヶ岳西部	くろひめやま N 36°58′36″ E 137°47′24″：黒姫山 I 新潟県：飛彈山脈北部 小滝　　三百名山 H 26 三角点標高改訂	みょうじょうさん N 36°56′27″ E 137°49′19″：明星 III 新潟県：飛彈山脈北部 小滝 H 26 三角点標高改訂。山名（よみ）変更：H 27 関係自治体からの申請による （注）旧山名（よみ）：みょうじやま

427 犬ヶ岳 1592m	428 朝日岳 2418m	429 雪倉岳 2611m
いぬがだけ N 36°54′25″ E 137°42′56″：犬ヶ岳 II 新潟 富山県：飛彈山脈北部 小川温泉 H 26 三角点標高改訂	あさひだけ N 36°49′36″ E 137°43′48″：雪倉 II 新潟県 富山県：飛彈山脈北部 黒薙温泉　　三百名山	ゆきくらだけ N 36°47′41″ E 137°45′15″：六兵衛 III 新潟県 富山県：飛彈山脈北部 白馬岳　　二百名山

430 鉢ヶ岳　2563m	431 小蓮華山　2766m	432 乗鞍岳　2469m
はちがたけ	これんげさん	のりくらだけ
N 36°46′49″ E 137°44′58″：標高点	N 36°46′25″ E 137°46′34″：測定点	N 36°47′19″ E 137°47′57″：標高点
新潟県 富山県：飛驒山脈北部	新潟県 長野県：飛驒山脈北部	新潟県 長野県：飛驒山脈北部
白馬岳	白馬岳	白馬岳
	新潟県最高峰　大日岳（だいにちだけ）。H20現地計測による標高改訂	

433 風吹岳　1888m	434 白馬岳　2932m	435 旭岳　2867m
かざふきだけ	しろうまだけ	あさひだけ
N 36°48′51″ E 137°50′20″：標高点	N 36°45′31″ E 137°45′31″：白馬岳 Ⅰ	N 36°45′28″ E 137°44′45″：標高点
長野県：飛驒山脈北部	富山県 長野県：飛驒山脈北部	富山県：飛驒山脈北部
白馬岳	白馬岳　**百名山**	黒薙温泉

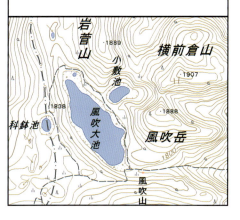

436 清水岳　2603m	437 杓子岳　2812m	438 鑓ヶ岳　2903m
しょうずだけ	しゃくしだけ	やりがたけ
N 36°45′53″ E 137°43′08″：標高点	N 36°44′26″ E 137°45′33″：標高点	N 36°43′53″ E 137°45′19″：槍ヶ岳 Ⅲ
富山県：飛驒山脈北部	富山県 長野県：飛驒山脈北部	富山県 長野県：飛驒山脈北部
黒薙温泉	白馬町	白馬町
		白馬鑓ヶ岳（しろうまやりがたけ）

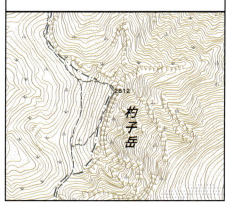

439 唐松岳 2696m
からまつだけ
N 36°41′14″ E 137°45′17″：唐松谷　Ⅱ
富山県　長野県：飛騨山脈北部
白馬町　　　　三百名山

440 五龍岳 2814m
ごりゅうだけ
N 36°39′30″ E 137°45′10″：標高点
富山県：飛騨山脈北部
神城　　　　百名山

441 鹿島槍ヶ岳 2889m
かしまやりがたけ
N 36°37′28″ E 137°44′49″：鹿島入　Ⅱ
富山県　長野県：飛騨山脈北部
神城　　　　百名山

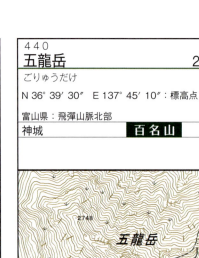

442 爺ヶ岳 2670m
じいがたけ
N 36°35′18″ E 137°45′03″：祖父岳　Ⅲ
富山県　長野県：飛騨山脈北部
大町　　　　三百名山

443 岩小屋沢岳 2630m
いわごやざわだけ
N 36°34′37″ E 137°42′48″：西岳　Ⅲ
富山県　長野県：飛騨山脈北部
黒部湖

444 鳴沢岳 2641m
なるさわだけ
N 36°34′07″ E 137°41′44″：標高点
富山県　長野県：飛騨山脈北部
黒部湖

445 赤沢岳 2678m
あかざわだけ
N 36°33′43″ E 137°41′15″：牛小屋沢　Ⅲ
富山県　長野県：飛騨山脈北部
黒部湖

446 スバリ岳 2752m
すばりだけ
N 36°32′39″ E 137°41′06″：標高点
富山県　長野県：飛騨山脈北部
黒部湖

447 針ノ木岳 2821m
はりのきだけ
N 36°32′17″ E 137°41′04″：野口　Ⅲ
富山県　長野県：飛騨山脈北部
黒部湖　　　　二百名山

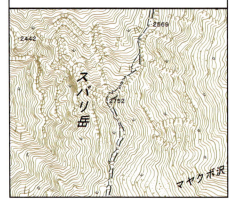

448 蓮華岳　　　　2799m	449 北葛岳　　　　2551m	450 不動岳　　　　2601m
れんげだけ	きたくずだけ	ふどうだけ
N 36°32′09″ E 137°42′38″：蓮華岳 Ⅱ	N 36°31′03″ E 137°42′20″：標高点	N 36°29′43″ E 137°40′02″：標高点
富山県 長野県：飛彈山脈北部	富山県 長野県：飛彈山脈北部	富山県 長野県：飛彈山脈北部
黒部湖　　　三百名山	黒部湖	烏帽子岳
		不動Ⅲ（2595.0m）

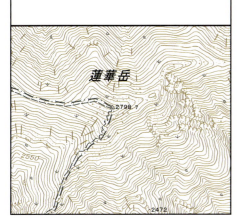  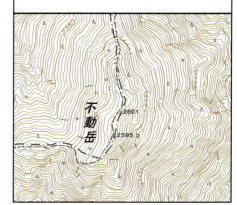

451 南沢岳　　　　2626m	452 烏帽子岳　　　2628m	453 三ッ岳　　　　2845m
みなみさわだけ	えぼしだけ	みつだけ
N 36°29′24″ E 137°39′11″：烏帽子岳 Ⅱ	N 36°28′46″ E 137°39′03″：標高点	N 36°27′17″ E 137°38′58″：三ッ岳 Ⅲ
富山県 長野県：飛彈山脈北部	富山県 長野県：飛彈山脈北部	富山県 長野県：飛彈山脈北部
烏帽子岳	烏帽子岳　　　二百名山	烏帽子岳
H26 三角点標高改訂		

 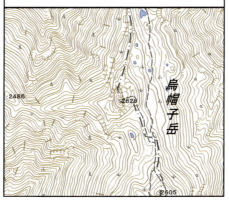 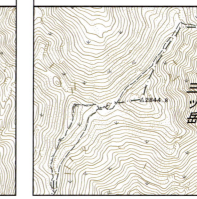

454 野口五郎岳　　2924m	455 南真砂岳　　　2713m	456 赤牛岳　　　　2864m
のぐちごろうだけ	みなみまさごだけ	あかうしだけ
N 36°25′58″ E 137°38′16″：五郎岳 Ⅱ	N 36°24′48″ E 137°38′30″：標高点	N 36°27′42″ E 137°36′12″：赤手岳 Ⅲ
富山県 長野県：飛彈山脈北部	長野県：飛彈山脈北部	富山県：飛彈山脈北部
烏帽子岳　　　三百名山	槍ヶ岳	薬師岳　　　　二百名山

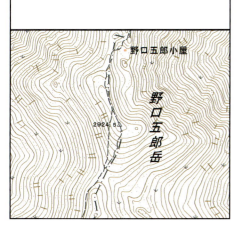  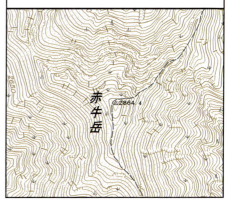

457 水晶岳（黒岳） 2986m	458 祖父岳 2825m	459 鷲羽岳 2924m
すいしょうだけ（くろだけ）	じいだけ	わしばだけ
N 36°25′35″ E 137°36′10″：標高点	N 36°24′40″ E 137°35′28″：標高点	N 36°24′11″ E 137°36′19″：中俣 Ⅲ
富山県：飛彈山脈北部	富山県：飛彈山脈北部	富山県 長野県：飛彈山脈北部
薬師岳　　百名山	三俣蓮華岳	三俣蓮華岳　　百名山

460 三俣蓮華岳 2841m	461 僧ヶ岳 1855m	462 毛勝山 2415m
みつまたれんげだけ	そうがだけ	けかつやま
N 36°23′24″ E 137°35′16″：三ツ又 Ⅲ	N 36°45′42″ E 137°33′49″：尾ノ沼 Ⅱ	N 36°42′04″ E 137°35′27″：毛勝山 Ⅱ
富山県 岐阜県 長野県：飛彈山脈北部	富山県：飛彈山脈北部	富山県：飛彈山脈北部
三俣蓮華岳　　三百名山	宇奈月	毛勝山　　二百名山
		H 26 三角点標高改訂

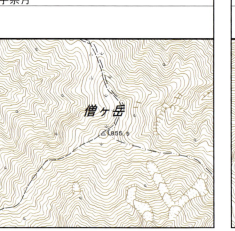

463 猫又山 2378m	464 池平山 2561m	465 剱岳 2999m
ねこまたやま	いけのだいらやま	つるぎだけ
N 36°40′52″ E 137°35′25″：猫又 Ⅲ	N 36°38′28″ E 137°37′33″：標高点	N 36°37′24″ E 137°37′01″：測定点
富山県：飛彈山脈北部	富山県：飛彈山脈北部	富山県：飛彈山脈北部
毛勝山	十字峡	剱岳　　百名山
		H 16 現地計測による標高改訂

466 別山 2880m	467 劔御前 2777m	468 奥大日岳 2611m
べっさん	つるぎごぜん	おくだいにちだけ
N 36° 35' 51″ E 137° 37' 13″：標高点	N 36° 36' 09″ E 137° 36' 32″：別山 Ⅲ	N 36° 35' 54″ E 137° 34' 51″：標高点
富山県：飛騨山脈北部	富山県：飛騨山脈北部	富山県：飛騨山脈北部
劔岳	劔岳	劔岳　二百名山
	つるがぜん	

469 大日岳 2501m	470 真砂岳 2861m	471 立山＜大汝山＞ 3015m
だいにちだけ	まさごだけ	たてやま＜おおなんじやま＞
N 36° 35' 58″ E 137° 33' 00″：標高点	N 36° 35' 12″ E 137° 37' 12″：標高点	N 36° 34' 33″ E 137° 37' 11″：標高点
富山県：飛騨山脈北部	富山県：飛騨山脈北部	富山県：飛騨山脈北部
劔岳	黒部湖	立山　百名山
		富山県最高峰

472 国見岳 2621m	473-1 龍王岳 2872m	473-2 龍王岳＜浄土山＞ 2831m
くにみだけ	りゅうおうだけ	りゅうおうだけ＜じょうどさん＞
N 36° 34' 16″ E 137° 35' 23″：大横手 Ⅲ	N 36° 33' 53″ E 137° 36' 26″：標高点	N 36° 34' 06″ E 137° 36' 13″：標高点
富山県：飛騨山脈北部	富山県：飛騨山脈北部	富山県：飛騨山脈北部
立山　活火山	立山	立山

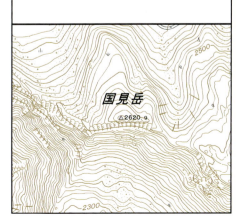  

474 鷲岳	2617m
わしだけ	
N 36°32′31″ E 137°35′14″：標高点	
富山県：飛彈山脈北部	
立山	

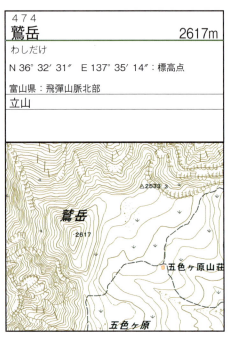

475 鳶山	2616m
とんびやま	
N 36°32′03″ E 137°35′09″：標高点	
富山県：飛彈山脈北部	
立山	

476 越中沢岳	2592m
えっちゅうざわだけ	
N 36°30′54″ E 137°34′59″：栂山 Ⅱ	
富山県：飛彈山脈北部	
立山	
H26 三角点標高改訂	

477 鍬崎山	2090m
くわさきやま	
N 36°32′24″ E 137°28′41″：鍬崎山 Ⅱ	
富山県：飛彈山脈北部	
小見　　三百名山	

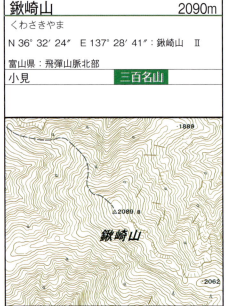

478 薬師岳	2926m
やくしだけ	
N 36°28′08″ E 137°32′41″：薬師ケ岳 Ⅱ	
富山県：飛彈山脈北部	
薬師岳　　百名山	

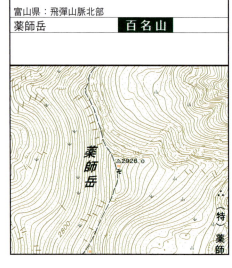

479 北ノ俣岳（上ノ岳）	2662m
きたのまただけ（かみのだけ）	
N 36°25′16″ E 137°30′44″：標高点	
富山県 岐阜県：飛彈山脈北部	
薬師岳	
北俣岳Ⅲ（2661.2m）	

66

480 黒部五郎岳（中ノ俣岳） 2840m	481 双六岳 2860m	482 樅沢岳 2755m
くろべごろうだけ（なかのまただけ）	すごろくだけ	もみさわだけ
N 36°23′33″ E 137°32′24″：黒部 Ⅲ	N 36°22′19″ E 137°35′14″：中俣岳 Ⅱ	N 36°22′00″ E 137°36′28″：標高点
富山県 岐阜県：飛彈山脈北部	長野県 岐阜県：飛彈山脈北部	長野県 岐阜県：飛彈山脈北部
三俣蓮華岳　百名山	三俣蓮華岳	三俣蓮華岳

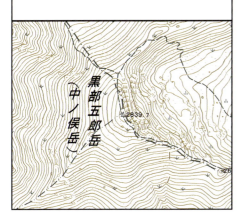  

483 弓折岳 2592m	484 抜戸岳 2813m	485 笠ヶ岳 2898m
ゆみおりだけ	ぬけどだけ	かさがたけ
N 36°20′58″ E 137°35′48″：標高点	N 36°19′40″ E 137°34′30″：奥笠ヶ岳 Ⅲ	N 36°18′56″ E 137°33′01″：笠ヶ岳 Ⅱ
岐阜県：飛彈山脈北部	岐阜県：飛彈山脈北部	岐阜県：飛彈山脈北部
三俣蓮華岳	笠ヶ岳	笠ヶ岳　百名山
ゆみおれだけ		H26 三角点標高改訂

486 錫杖岳 2168m	487 硫黄岳 2554m	488 唐沢岳 2633m
しゃくじょうだけ	いおうだけ	からさわだけ
N 36°16′55″ E 137°32′50″：標高点	N 36°22′50″ E 137°39′02″：焼山 Ⅲ	N 36°27′40″ E 137°43′00″：唐沢 Ⅲ
岐阜県：飛彈山脈北部	長野県：飛彈山脈北部	長野県：飛彈山脈北部
笠ヶ岳	槍ヶ岳	烏帽子岳
		H26 三角点標高改訂

 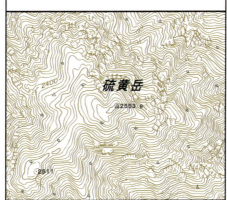 

489 餓鬼岳 2647m	490 燕岳 2763m	491 有明山 2268m
がきだけ	つばくろだけ	ありあけやま
N 36°26′50″ E 137°44′10″：餓飢 Ⅲ	N 36°24′25″ E 137°42′46″：燕岳 Ⅱ	N 36°23′28″ E 137°46′14″：有明山 Ⅱ
長野県：飛彈山脈北部	長野県：飛彈山脈北部	長野県：飛彈山脈北部
烏帽子岳　二百名山	槍ヶ岳　二百名山	有明　二百名山
		ありあけさん

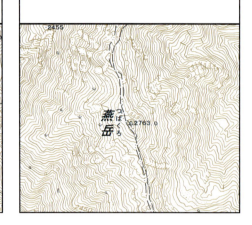

492 大天井岳 2922m	493 東天井岳 2814m	494 横通岳 2767m
だいてんじょうだけ	ひがしてんじょうだけ	よことおしだけ
N 36°21′54″ E 137°42′04″：天章山 Ⅲ	N 36°21′12″ E 137°42′56″：標高点	N 36°20′33″ E 137°43′37″：赤樽 Ⅲ
長野県：飛彈山脈南部	長野県：飛彈山脈南部	長野県：飛彈山脈南部
槍ヶ岳　二百名山	槍ヶ岳	槍ヶ岳
おてんしょうだけ		

495 常念岳 2857m	496 蝶ヶ岳 2677m	497 大滝山 2616m
じょうねんだけ	ちょうがたけ	おおたきやま
N 36°19′32″ E 137°43′39″：標高点	N 36°17′15″ E 137°43′34″：標高点	N 36°16′27″ E 137°44′36″：標高点
長野県：飛彈山脈南部	長野県：飛彈山脈南部	長野県：飛彈山脈南部
穂高岳　百名山	穂高岳	穂高岳
		大滝Ⅲ（2614.5m）

498 赤岩岳 2769m	499 西岳 2758m	500 赤沢山 2670m
あかいわだけ	にしだけ	あかさわやま
N 36°20′36″ E 137°41′03″：筆波美 Ⅲ	N 36°20′14″ E 137°40′46″：標高点	N 36°19′45″ E 137°40′47″：赤沢山 Ⅲ
長野県：飛騨山脈南部	長野県：飛騨山脈南部	長野県：飛騨山脈南部
槍ヶ岳	槍ヶ岳	穂高岳

501 槍ヶ岳 3180m	502 大喰岳 3101m	503 中岳 3084m
やりがたけ	おおばみだけ	なかだけ
N 36°20′31″ E 137°38′51″：標高点	N 36°20′09″ E 137°38′45″：標高点	N 36°19′47″ E 137°38′48″：標高点
長野県：飛騨山脈南部	長野県 岐阜県：飛騨山脈南部	長野県 岐阜県：飛騨山脈南部
槍ヶ岳　百名山	穂高岳	穂高岳
		なかのだけ

504 南岳 3033m	505 北穂高岳 3106m	506 涸沢岳 3110m
みなみだけ	きたほたかだけ	からさわだけ
N 36°19′08″ E 137°39′03″：北穂高 Ⅲ	N 36°18′09″ E 137°39′07″：標高点	N 36°17′45″ E 137°38′49″：標高点
長野県 岐阜県：飛騨山脈南部	長野県 岐阜県：飛騨山脈南部	長野県 岐阜県：飛騨山脈南部
穂高岳	穂高岳	穂高岳
		奥穂高Ⅲ（3103.1m）

507 奥穂高岳 3190m	508 前穂高岳 3090m	509 西穂高岳 2909m
おくほたかだけ N 36°17′21″ E 137°38′53″：標高点 長野県 岐阜県：飛彈山脈南部 穂高岳　百名山 長野県・岐阜県最高峰	まえほたかだけ N 36°16′55″ E 137°39′38″：穂高岳 Ⅰ 長野県：飛彈山脈南部 穂高岳	にしほたかだけ N 36°16′44″ E 137°37′45″：前穂高 Ⅲ 長野県 岐阜県：飛彈山脈南部 穂高岳
		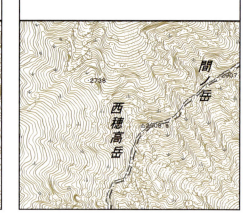

510 焼岳 2455m	511 霞沢岳 2646m	512 十石山 2525m
やけだけ N 36°13′37″ E 137°35′13″：焼岳 Ⅱ 長野県 岐阜県：飛彈山脈南部 焼岳　百名山　活火山	かすみざわだけ N 36°13′16″ E 137°38′26″：霞沢岳 Ⅱ 長野県：飛彈山脈南部 上高地　二百名山	じゅっこくやま N 36°09′49″ E 137°35′26″：十石山 Ⅱ 長野県 岐阜県：飛彈山脈南部 乗鞍岳
	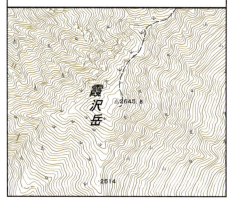	

513 輝山 2063m	514 乗鞍岳＜剣ヶ峰＞ 3026m	515 鎌ヶ峰 2121m
てらしやま N 36°11′39″ E 137°31′20″：貝塩 Ⅱ 岐阜県：飛彈山脈南部 焼岳	のりくらだけ＜けんがみね＞ N 36°06′23″ E 137°33′13″：乗鞍岳 Ⅰ 岐阜県 長野県：飛彈山脈南部 乗鞍岳　百名山　活火山	かまがみね N 36°01′36″ E 137°35′57″：鎌ヶ峰 Ⅱ 長野県 岐阜県：飛彈山脈南部 野麦
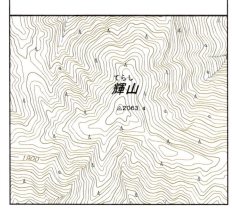	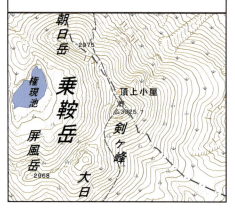	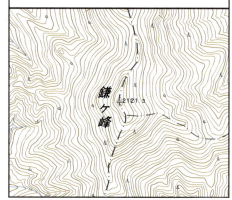

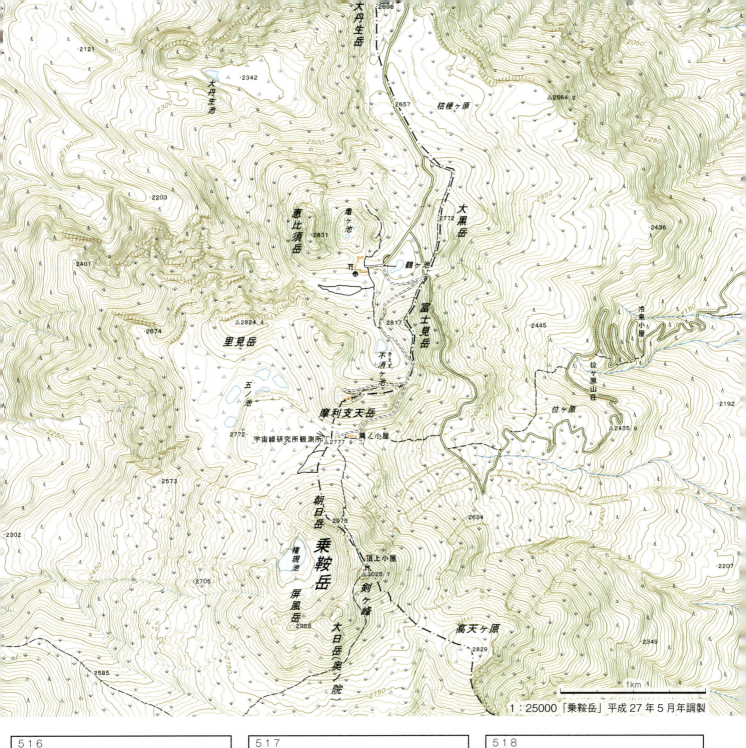

1：25000「乗鞍岳」平成27年5月調製

516 鉢盛山	2447m
はちもりやま	
N 36°05′12″ E 137°45′17″：鉢盛山 Ⅰ	
長野県：飛騨山脈南部	
贄川	三百名山
H 26 三角点標高改訂	

517 御嶽山＜剣ヶ峰＞	3067m
おんたけ＜けんがみね＞	
N 35°53′34″ E 137°28′49″：測定点	
長野県：御嶽山とその周辺	
御嶽山	百名山　活火山
御嶽山Ⅰ（3063.4m）	

518 小秀山	1982m
こひでやま	
N 35°47′08″ E 137°23′49″：小秀山 Ⅱ	
長野県 岐阜県：御嶽山とその周辺	
滝越	二百名山

519 奥三界岳 1811m	520 尾城山 1133m	521 二ツ森山 1223m
おくさんがいだけ	おしろやま	ふたつもりやま
N 35°40′54″ E 137°30′26″：奥三階 Ⅲ	N 35°41′45″ E 137°20′38″：尾城 Ⅱ	N 35°34′19″ E 137°24′01″：二ツ森 Ⅱ
岐阜県 長野県：御嶽山とその周辺	岐阜県：御嶽山とその周辺	岐阜県：御嶽山とその周辺
奥三界岳　　三百名山	小和知	美濃福岡
H26三角点標高改訂	おじろやま	

522 経ヶ岳 2296m	523 大棚入山 2375m	524-1 将棊頭山 2730m
きょうがたけ	おおだないりやま	しょうぎがしらやま
N 35°54′46″ E 137°51′45″：経ケ岳 Ⅱ	N 35°50′53″ E 137°48′36″：大棚入 Ⅱ	N 35°48′12″ E 137°49′37″：標高点
長野県：木曽山脈	長野県：木曽山脈	長野県：木曽山脈
宮ノ越　　二百名山	宮ノ越	木曽駒ヶ岳
		しょうぎのかしらやま

 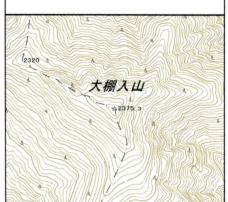 

524-2 将棊頭山＜茶臼山＞ 2658m	525-1 駒ヶ岳 2956m	525-2 駒ヶ岳＜宝剣岳＞ 2931m
しょうぎがしらやま＜ちゃうすやま＞	こまがたけ	こまがたけ＜ほうけんだけ＞
N 35°48′53″ E 137°49′18″：標高点	N 35°47′22″ E 137°48′16″：信駒ヶ岳 Ⅰ	N 35°46′53″ E 137°48′33″：標高点
長野県：木曽山脈	長野県：木曽山脈	長野県：木曽山脈
木曽駒ヶ岳	木曽駒ヶ岳　　百名山	木曽駒ヶ岳
	木曽駒ヶ岳（きそこまがたけ）、西駒ヶ岳（にしこまがたけ）	

525-3 駒ヶ岳＜麦草岳＞ 2733m	526 三沢岳 2847m	527 檜尾岳 2728m
こまがたけ＜むぎくさだけ＞	さんのさわだけ	ひのきおだけ
N 35°47′48″ E 137°47′10″：標高点	N 35°46′00″ E 137°47′39″：三ノ沢 Ⅲ	N 35°45′07″ E 137°48′48″：梯子樽 Ⅲ
長野県：木曽山脈	長野県：木曽山脈	長野県：木曽山脈
木曽駒ヶ岳	木曽駒ヶ岳 三ノ沢岳（さんのさわだけ）。H26 三角点標高改訂	空木岳

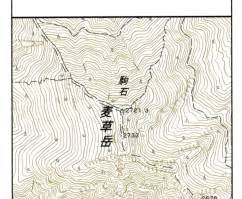 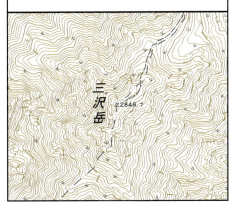 

528 熊沢岳 2778m	529 東川岳 2671m	530 空木岳 2864m
くまざわだけ	ひがしかわだけ	うつぎだけ
N 35°44′21″ E 137°48′12″：標高点	N 35°43′31″ E 137°48′20″：標高点	N 35°43′08″ E 137°49′02″：駒ヶ岳 Ⅱ
長野県：木曽山脈	長野県：木曽山脈	長野県：木曽山脈
空木岳	空木岳	空木岳　**百名山**

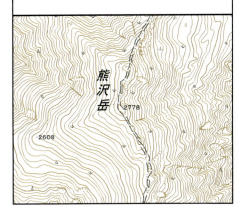  

531-1 南駒ヶ岳 2841m	531-2 南駒ヶ岳＜赤梛岳＞ 2798m	532 仙涯嶺 2734m
みなみこまがたけ	みなみこまがたけ＜あかなぎだけ＞	せんがいれい
N 35°42′05″ E 137°48′39″：標高点	N 35°42′22″ E 137°48′56″：標高点	N 35°41′32″ E 137°48′49″：標高点
長野県：木曽山脈	長野県：木曽山脈	長野県：木曽山脈
空木岳　**二百名山**	空木岳	空木岳

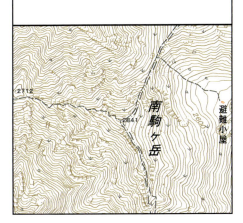  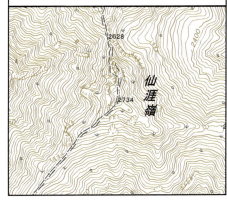

533 越百山 2614m	534 安平路山 2363m	535 摺古木山 2169m
こすもやま	あんぺいじやま	すりこぎやま
N 35° 40′ 46″ E 137° 48′ 12″：越百 Ⅲ	N 35° 37′ 50″ E 137° 46′ 28″：二ツ薙 Ⅲ	N 35° 36′ 46″ E 137° 44′ 15″：摺小木山 Ⅰ
長野県：木曽山脈	長野県：木曽山脈	長野県：木曽山脈
空木岳　三百名山	安平路山　二百名山	南木曽岳
H26 三角点標高改訂		

536 南木曽岳 1679m	537 風越山（権現山） 1535m	538 恵那山 2191m
なぎそだけ	かざこしやま（ごんげんやま）	えなさん
N 35° 35′ 33″ E 137° 38′ 39″：標高点	N 35° 32′ 58″ E 137° 47′ 02″：権現山 Ⅱ	N 35° 26′ 37″ E 137° 35′ 50″：標高点
長野県：木曽山脈	長野県：木曽山脈	長野県　岐阜県：木曽山脈
南木曽岳　三百名山	飯田	中津川　百名山
南木曽Ⅱ（1676.9m）		恵那山Ⅰ（2189.8m）

539 守屋山 1651m	540 入笠山 1955m	541 鋸岳 2685m
もりやさん	にゅうがさやま	のこぎりだけ
N 35° 58′ 03″ E 138° 05′ 36″：守屋山 Ⅰ	N 35° 53′ 47″ E 138° 10′ 18″：入笠山 Ⅱ	N 35° 46′ 44″ E 138° 12′ 36″：標高点
長野県：赤石山脈北部	長野県：赤石山脈北部	山梨県　長野県：赤石山脈北部
辰野	信濃富士見　三百名山	甲斐駒ケ岳　二百名山
H26 三角点標高改訂		山名変更：H2 関係自治体からの申請による （注）旧山名：鋸山

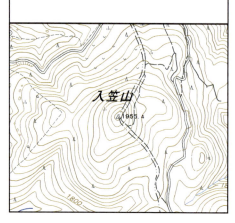

542 駒ヶ岳 2967m	543 駒津峰 2752m	544 双児山 2649m
こまがたけ N 35°45′29″ E138°14′12″：標高点 山梨県 長野県：赤石山脈北部 甲斐駒ケ岳　**百名山** 甲斐駒ヶ岳（かいこまがたけ）、東駒ヶ岳（ひがしこまがたけ）　甲斐駒ヶ岳Ⅰ（2965.6m）	こまつみね N 35°45′17″ E138°13′51″：標高点 山梨県 長野県：赤石山脈北部 甲斐駒ケ岳	ふたごやま N 35°45′03″ E138°13′17″：標高点 山梨県 長野県：赤石山脈北部 仙丈ケ岳

545-1 アサヨ峰 2799m	545-2 アサヨ峰＜栗沢山＞ 2714m	546 高嶺 2779m
あさよみね N 35°43′54″ E138°14′29″：鳳凰山　Ⅲ 山梨県：赤石山脈北部 仙丈ケ岳　**三百名山**	あさよみね＜くりさわやま＞ N 35°44′17″ E138°14′03″：標高点 山梨県：赤石山脈北部 仙丈ケ岳	たかみね N 35°42′35″ E138°17′16″：高嶺　Ⅲ 山梨県：赤石山脈北部 鳳凰山 たかね

547 地蔵ヶ岳 2764m	548 観音ヶ岳 2841m	549 薬師ヶ岳 2780m
じぞうがたけ N 35°42′44″ E138°17′55″：標高点 山梨県：赤石山脈北部（鳳凰山） 鳳凰山	かんのんがたけ N 35°42′06″ E138°18′17″：観音岳　Ⅱ 山梨県：赤石山脈北部（鳳凰山） 鳳凰山　**百名山** H26三角点標高改訂。山名変更：H17関係自治体の申請による （注）旧山名：観音岳	やくしがたけ N 35°41′46″ E138°18′42″：標高点 山梨県：赤石山脈北部（鳳凰山） 鳳凰山 山名変更：H17関係自治体の申請による （注）旧山名：薬師岳

550 辻山 2585m
つじやま
N 35°40′35″ E 138°19′19″：辻 Ⅲ
山梨県：赤石山脈北部
鳳凰山

551 櫛形山 2052m
くしがたやま
N 35°35′12″ E 138°22′09″：奥仙重 Ⅲ
山梨県：赤石山脈北部
夜叉神峠　二百名山

552 仙丈ヶ岳 3033m
せんじょうがたけ
N 35°43′12″ E 138°11′01″：前岳 Ⅱ
山梨県 長野県：赤石山脈北部
仙丈ケ岳　百名山

553 伊那荒倉岳 2519m
いなあらくらだけ
N 35°41′21″ E 138°11′39″：標高点
山梨県 長野県：赤石山脈北部
仙丈ケ岳
荒倉岳Ⅲ（2517.2m）

554 小太郎山 2725m
こたろうやま
N 35°42′03″ E 138°14′24″：小太郎岳 Ⅲ
山梨県：赤石山脈北部
仙丈ケ岳

555 北岳 3193m
きただけ
N 35°40′28″ E 138°14′20″：測定点
山梨県：赤石山脈北部（白根山）
仙丈ケ岳　百名山
H16 現地計測による標高改訂

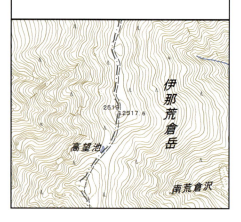
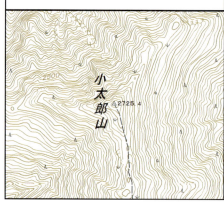

556 間ノ岳 3190m
あいのだけ
N 35°38′46″ E 138°13′42″：相ノ岳 Ⅱ
山梨県 静岡県：赤石山脈北部（白根山）
間ノ岳　百名山
H26 三角点標高改訂

557-1 農鳥岳＜西農鳥岳＞ 3051m
のうとりだけ＜にしのうとりだけ＞
N 35°37′29″ E 138°13′49″：標高点
山梨県 静岡県：赤石山脈北部（白根山）
間ノ岳

557-2 農鳥岳 3026m
のうとりだけ
N 35°37′16″ E 138°14′13″：農鳥山 Ⅱ
山梨県 静岡県：赤石山脈北部（白根山）
間ノ岳　二百名山

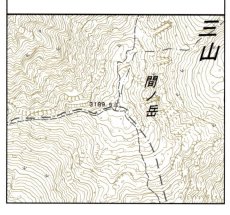

1:25000 「間ノ岳」平成26年10月調製 「仙丈ヶ岳」平成26年5月調製

558 大唐松山　　　2561m	559 広河内岳　　　2895m	560 大籠岳　　　2767m
おおからまつやま	ひろごうちだけ	おおかごだけ
N 35°37′18″　E 138°16′10″：標高点	N 35°36′22″　E 138°14′09″：標高点	N 35°35′35″　E 138°14′36″：大籠　Ⅲ
山梨県：赤石山脈北部	山梨県 静岡県：赤石山脈北部	山梨県 静岡県：赤石山脈北部
夜叉神峠	間ノ岳	間ノ岳
大古森Ⅲ（2554.8m）		おおごもりだけ

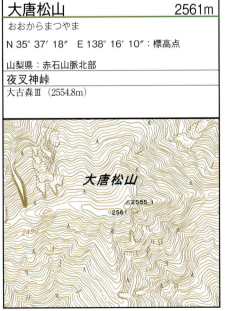

561 笹山 2733m	562 黒檜山 2541m	563 安倍荒倉岳 2693m
ささやま	くろべいやま	あべあらくらだけ
N 35°34′16″ E 138°14′38″：標高点	N 35°38′40″ E 138°11′10″：黒檜山 Ⅲ	N 35°37′23″ E 138°12′11″：安部荒倉 Ⅲ
山梨県 静岡県：赤石山脈北部	長野県：赤石山脈北部	長野県 静岡県：赤石山脈北部
塩見岳	間ノ岳	間ノ岳
黒河内岳（くろこうちだけ）	H 26 三角点標高改訂	
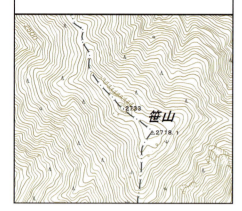		

564 新蛇抜山 2667m	565 北荒川岳 2698m	566 塩見岳 3047m
しんじゃぬけやま	きたあらかわだけ	しおみだけ
N 35°36′26″ E 138°12′19″：標高点	N 35°35′41″ E 138°11′40″：伊那荒倉 Ⅱ	N 35°34′26″ E 138°10′59″：塩見山 Ⅱ
長野県 静岡県：赤石山脈北部	長野県：赤石山脈北部	長野県 静岡県：赤石山脈北部
間ノ岳	間ノ岳	塩見岳　**百名山**

567 蝙蝠岳 2865m	568 徳右衛門岳 2599m	569 本谷山 2658m
こうもりだけ	とくえもんだけ	ほんたにやま
N 35°33′25″ E 138°12′26″：中俣 Ⅲ	N 35°32′22″ E 138°13′35″：飛瀬 Ⅲ	N 35°34′15″ E 138°09′06″：黒川 Ⅲ
静岡県：赤石山脈北部	静岡県：赤石山脈北部	長野県 静岡県：赤石山脈北部
塩見岳	塩見岳	塩見岳
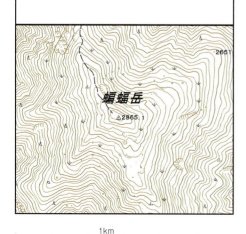	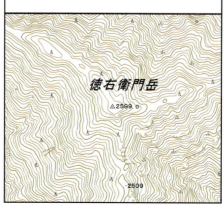	

570 戸倉山（伊那富士） 1681m	571 烏帽子岳 2726m	572 小河内岳 2802m
とくらやま（いなふじ）	えぼしだけ	こごうちだけ
N 35°44′42″　E 138°03′07″：戸倉山　Ⅰ	N 35°33′13″　E 138°09′13″：標高点	N 35°32′16″　E 138°09′11″：小河内　Ⅱ
長野県：赤石山脈北部	長野県 静岡県：赤石山脈南部	長野県 静岡県：赤石山脈南部
市野瀬	塩見岳	塩見岳

573 小日影山 2506m	574 大日影山 2573m	575 板屋岳 2646m
こひかげやま	おおひかげやま	いたやだけ
N 35°31′31″　E 138°07′35″：小日影山　Ⅲ	N 35°31′20″　E 138°08′18″：標高点	N 35°31′05″　E 138°08′46″：標高点
長野県：赤石山脈南部	長野県 静岡県：赤石山脈南部	長野県 静岡県：赤石山脈南部
塩見岳	塩見岳	塩見岳
H 26 三角点標高改訂		
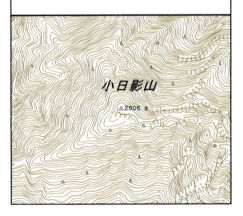		

576 東岳（悪沢岳） 3141m	577-1 荒川岳＜中岳＞ 3084m	577-2 荒川岳＜前岳＞ 3068m
ひがしだけ（わるさわだけ）	あらかわだけ＜なかだけ＞	あらかわだけ＜まえだけ＞
N 35°30′03″　E 138°10′57″：標高点	N 35°29′48″　E 138°10′01″：荒川岳　Ⅲ	N 35°29′39″　E 138°09′51″：標高点
静岡県：赤石山脈南部	静岡県：赤石山脈南部	長野県 静岡県：赤石山脈南部
赤石岳　　百名山	赤石岳	赤石岳
あずまだけ。荒川東岳（あらかわひがしだけ）	H 26 三角点標高改訂	
	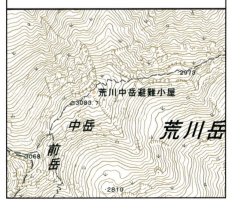	

578 赤石岳 3121m	579 奥茶臼山 2474m	580 鬼面山 1890m
あかいしだけ	おくちゃうすやま	きめんざん
N 35°27′40″ E 138°09′26″：赤石岳 Ⅰ	N 35°29′06″ E 138°04′09″：奥茶臼山 Ⅱ	N 35°29′31″ E 137°59′25″：鬼面山 Ⅰ
長野県 静岡県：赤石山脈南部	長野県：赤石山脈南部	長野県：赤石山脈南部
赤石岳　**百名山**	大沢岳　**三百名山**	上久堅
H26 三角点標高改訂		H26 三角点標高改訂

581 大沢岳 2820m	582 中盛丸山 2807m	583 兎岳 2818m
おおさわだけ	なかもりまるやま	うさぎだけ
N 35°26′56″ E 138°07′13″：大沢岳 Ⅲ	N 35°26′34″ E 138°07′19″：標高点	N 35°25′43″ E 138°07′16″：標高点
長野県 静岡県：赤石山脈南部	長野県 静岡県：赤石山脈南部	長野県 静岡県：赤石山脈南部
大沢岳	赤石岳	大沢岳
H26 三角点標高改訂		

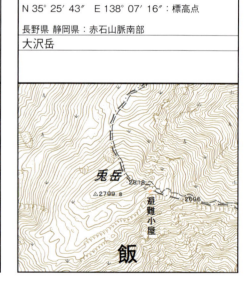

584 聖岳＜前聖岳＞ 3013m	585 上河内岳 2803m	586 茶臼岳 2604m
ひじりだけ＜まえひじりだけ＞	かみこうちだけ	ちゃうすだけ
N 35°25′22″ E 138°08′23″：標高点	N 35°23′23″ E 138°09′10″：上河内岳 Ⅱ	N 35°22′09″ E 138°08′26″：標高点
長野県 静岡県：赤石山脈南部	静岡県：赤石山脈南部	長野県 静岡県：赤石山脈南部
赤石岳　**百名山**	上河内岳　**二百名山**	上河内岳　**三百名山**

587 仁田岳 2524m	588 光岳 2592m	589 池口岳 2392m
にっただけ	てかりだけ	いけぐちだけ
N 35°21′39″ E 138°07′38″：仁田岳 III	N 35°20′17″ E 138°05′02″：光岳 III	N 35°19′49″ E 138°02′18″：標高点
静岡県：赤石山脈南部	静岡県 長野県：赤石山脈南部	長野県 静岡県：赤石山脈南部
上河内岳	光岳　　百名山	池口岳　　二百名山
	H26三角点標高改訂	

590 白倉山 1851m	591 熊伏山 1654m	592 大無間山 2330m
しらくらやま	くまぶしやま	だいむげんざん
N 35°18′06″ E 137°59′32″：標高点	N 35°15′48″ E 137°53′42″：熊伏山 I	N 35°15′22″ E 138°09′42″：大無間山 I
長野県 静岡県：赤石山脈南部	長野県：赤石山脈南部	静岡県：赤石山脈南部
伊那和田	伊那和田　　三百名山	畑薙湖　　二百名山
	H26三角点標高改訂	だいむけんざん。H26三角点標高改訂

593 不動岳 2172m	594 黒法師岳 2068m	595 蕎麦粒山 1627m
ふどうがたけ	くろぼうしがたけ	そばつぶやま
N 35°14′08″ E 138°02′28″：不動ケ岳 III	N 35°11′46″ E 138°01′46″：黒法師岳 I	N 35°07′34″ E 138°02′07″：川東 III
静岡県：赤石山脈南部	静岡県：赤石山脈南部	静岡県：赤石山脈南部
寸又峡温泉	寸又峡温泉　　三百名山	蕎麦粒山
H26三角点標高改訂	H26三角点標高改訂	

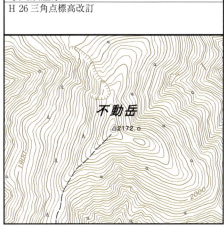
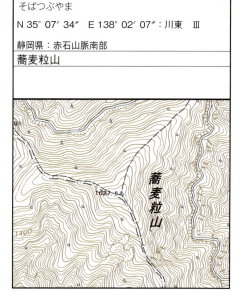

596 高塚山 1621m	597 京丸山 1470m	598 秋葉山 885m
たかつかやま	きょうまるやま	あきはさん
N 35°06′56″ E 138°00′13″：京丸山 Ⅱ	N 35°05′46″ E 137°57′57″：堂木 Ⅲ	N 34°58′54″ E 137°51′58″：標高点
静岡県：赤石山脈南部	静岡県：赤石山脈南部	静岡県：赤石山脈南部
蕎麦粒山　　三百名山	門桁	秋葉山
	H 26 三角点標高改訂	

599 八高山 832m	600 笊ヶ岳 2629m	601 布引山 2584m
はっこうさん	ざるがたけ	ぬのびきやま
N 34°54′27″ E 138°03′24″：八高山 Ⅰ	N 35°25′27″ E 138°15′34″：笊ヶ岳 Ⅱ	N 35°24′31″ E 138°15′30″：大布引 Ⅲ
静岡県：赤石山脈南部	山梨県 静岡県：赤石山脈南部	山梨県 静岡県：赤石山脈南部
八高山	新倉　　二百名山	七面山
		千挺木山（せんちょうぎやま）

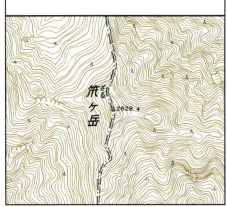

602 青薙山 2406m	603 身延山 1153m	604 七面山 1989m
あおなぎやま	みのぶさん	しちめんさん
N 35°22′11″ E 138°13′43″：青薙岳 Ⅱ	N 35°23′51″ E 138°24′59″：標高点	N 35°22′10″ E 138°20′56″：標高点
静岡県：赤石山脈南部	山梨県：身延山地	山梨県：身延山地
上河内岳	身延	七面山　　二百名山

605 山伏　2013m	606 十枚山　1726m	607 篠井山　1394m
やんぶし N 35° 18′ 16″　E 138° 17′ 07″：山伏峠　Ⅱ 山梨県 静岡県：身延山地 梅ヶ島 H 22 三角点改測 **三百名山**	じゅうまいざん N 35° 15′ 13″　E 138° 22′ 41″：標高点 静岡県 山梨県：身延山地 南部	しのいさん N 35° 14′ 52″　E 138° 25′ 35″：篠井山　Ⅱ 山梨県：身延山地 篠井山

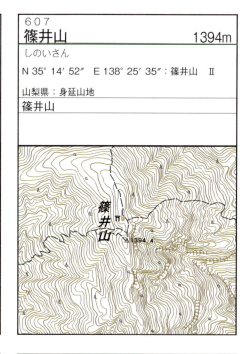

608 ［高ドッキョウ］　1133m	609 竜爪山　1051m	610 久能山　216m
［たかどっきょう］ N 35° 10′ 43″　E 138° 26′ 17″：太平村　Ⅱ 山梨県 静岡県：身延山地 篠井山 H 26 三角点標高改訂 （注）地形図に山名の記載なし	りゅうそうざん N 35° 05′ 18″　E 138° 24′ 13″：標高点 静岡県：身延山地 和田島	くのうさん N 34° 57′ 58″　E 138° 28′ 05″：標高点 静岡県：身延山地 静岡東部

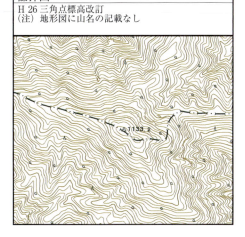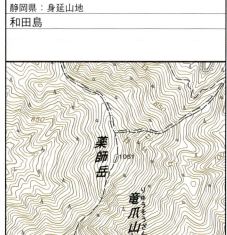

611 茶臼山　1416m	612 鷹ノ巣山　1153m	613 鳳来寺山　695m
ちゃうすやま N 35° 13′ 39″　E 137° 39′ 20″：茶臼山　Ⅱ 長野県 愛知県：美濃・三河高原 茶臼山 愛知県最高峰　H 26 三角点標高改訂	たかのすやま N 35° 09′ 09″　E 137° 29′ 42″：段戸山Ⅰ　Ⅱ 愛知県：美濃・三河高原 寧比曽岳 H 26 三角点標高改訂。山名変更：H 17 関係自治体 からの申請による （注）旧山名：段戸山	ほうらいじさん N 34° 59′ 03″　E 137° 34′ 58″：標高点 愛知県：美濃・三河高原 三河大野 玻璃山Ⅲ（684.2m）

614 本宮山 789m	615 猿投山 629m	616 金華山 329m
ほんぐうさん	さなげやま	きんかざん
N 34°54′35″ E 137°25′14″：三本宮山 Ⅰ	N 35°12′21″ E 137°10′01″：猿投山 Ⅰ	N 35°26′00″ E 136°46′53″：金花山 Ⅱ
愛知県：美濃・三河高原	愛知県：美濃・三河高原	岐阜県：美濃・三河高原
新城	猿投山	岐阜北部

617 宝立山 471m	618 鉢伏山 544m	619 石動山 564m
ほうりゅうさん	はちぶせやま	せきどうさん
N 37°25′43″ E 137°09′45″：標高点	N 37°22′40″ E 136°58′15″：鉢伏山 Ⅰ	N 36°57′56″ E 136°58′15″：標高点
石川県：能登半島	石川県：能登半島	石川県：宝達丘陵
宝立山	輪島	能登二宮

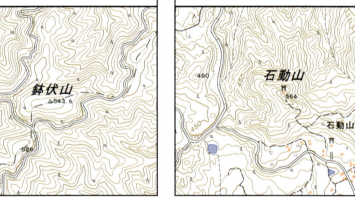

620 宝達山 637m	621 二上山 274m	622 牛岳 987m
ほうだつさん	ふたがみやま	うしだけ
N 36°46′55″ E 136°48′47″：宝達山 Ⅰ	N 36°47′24″ E 137°00′55″：標高点	N 36°32′28″ E 137°01′54″：鍬崎 Ⅱ
石川県：宝達丘陵	富山県：宝達丘陵	富山県：飛彈高地
宝達山	伏木	山田温泉

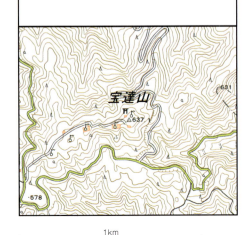
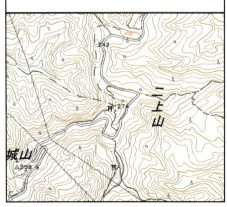
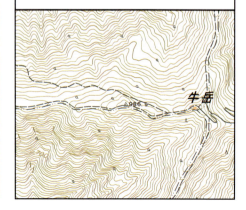

623 白木峰 1596m	624 金剛堂山 1650m	625 人形山 1726m
しらきみね	こんごうどうざん	にんぎょうやま
N 36°24′56″ E 137°06′44″：標高点	N 36°22′44″ E 137°02′56″：標高点	N 36°20′56″ E 136°56′23″：標高点
富山県 岐阜県：飛騨高地	富山県：飛騨高地	岐阜県 富山県：飛騨高地
白木峰　三百名山	白木峰　二百名山	上梨　三百名山

626 三ヶ辻山 1764m	627 猿ヶ馬場山 1875m	628 御前岳 1816m
みつがつじやま	さるがばばやま	ごぜんだけ
N 36°20′17″ E 136°57′00″：三ケ辻 Ⅱ	N 36°13′33″ E 136°56′34″：標高点	N 36°11′53″ E 136°57′37″：御前岳 Ⅰ
岐阜県：飛騨高地	岐阜県：飛騨高地	岐阜県：飛騨高地
上梨	平瀬　三百名山	平瀬
	さるがばんばやま	
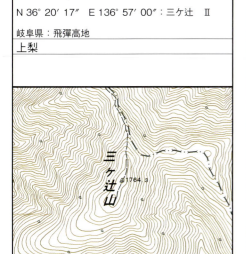	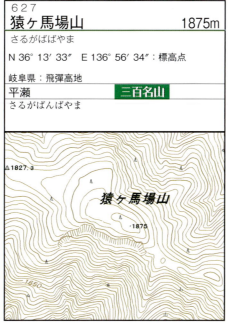	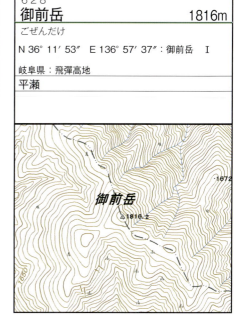

629 大雨見山 1336m	630 位山 1529m	631 川上岳 1625m
おおあまみやま	くらいやま	かおれだけ
N 36°15′12″ E 137°17′55″：大雨見山 Ⅰ	N 36°02′18″ E 137°11′48″：位山 Ⅲ	N 36°00′30″ E 137°08′58″：兎馬場 Ⅰ
岐阜県：飛騨高地	岐阜県：飛騨高地	岐阜県：飛騨高地
船津	位山　二百名山	位山　三百名山
		H 26 三角点標高改訂

632 鷲ヶ岳 1671m	633 八乙女山 756m	634 高清水山 1145m
わしがたけ	やおとめやま	たかしょうずやま
N 35°56′25″ E 136°58′17″：鷲ヶ岳 Ⅲ	N 36°32′26″ E 136°58′59″：標高点	N 36°28′38″ E 136°56′34″：標高点
岐阜県：飛騨高地	富山県：白山山地	富山県：白山山地
大鷲　　　　　　三百名山	城端	下梨
H20三角点標高改訂	鶏塚Ⅲ（751.8m）	

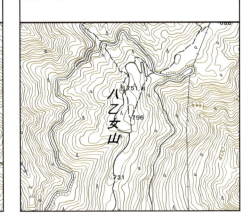

635 医王山＜奥医王山＞ 939m	636 口三方岳 1269m	637 高三郎山 1445m
いおうぜん＜おくいおうぜん＞	くちさんぼうだけ	たかさぶろうやま
N 36°30′46″ E 136°47′46″：医王山 Ⅰ	N 36°22′24″ E 136°42′56″：板尾 Ⅱ	N 36°22′16″ E 136°46′25″：標高点
富山県 石川県：白山山地	石川県：白山山地	石川県：白山山地
福光　　　　　　三百名山	口直海	西赤尾
山頂名追加：H5関係自治体からの申請による		

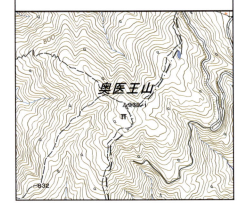

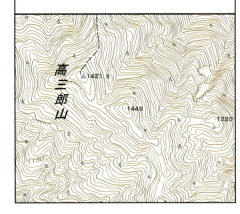

638 大門山 1572m	639 大笠山 1822m	640 笈ヶ岳 1841m
だいもんざん	おおがさやま	おいずるがだけ
N 36°21′55″ E 136°48′13″：大門山 Ⅲ	N 36°19′14″ E 136°47′23″：大笠山 Ⅰ	N 36°17′55″ E 136°47′32″：笈岳 Ⅲ
富山県 石川県：白山山地	富山県 石川県：白山山地	富山県 石川県 岐阜県：白山山地
西赤尾　　　　　三百名山	中宮温泉　　　　三百名山	中宮温泉　　　　二百名山

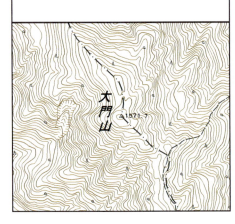
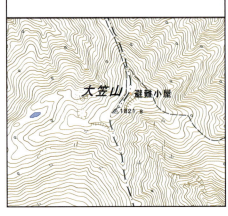
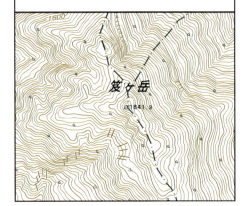

641 三方岩岳 1736m	642 三方崩山 2059m	643 七倉山 2557m
さんぼういわだけ N 36°15′29″ E 136°50′40″：標高点 石川県 岐阜県：白山山地 中宮温泉　　　三百名山	さんぼうくずれやま N 36°10′44″ E 136°51′37″：三方崩岳 Ⅱ 岐阜県：白山山地 新岩間温泉	ななくらやま N 36°10′16″ E 136°45′31″：標高点 石川県：白山山地 新岩間温泉

644 白山＜御前峰＞ 2702m	645 白山釈迦岳 2053m	646 別山 2399m
はくさん＜ごぜんがみね＞ N 36°09′18″ E 136°46′17″：白山 Ⅰ 石川県 岐阜県：白山山地 白山　　　百名山　活火山 石川県最高峰	はくさんしゃかだけ N 36°09′08″ E 136°44′08″：釈迦岳 Ⅲ 石川県：白山山地 加賀市ノ瀬	べっさん N 36°06′20″ E 136°45′57″：別山 Ⅱ 石川県 岐阜県：白山山地 白山

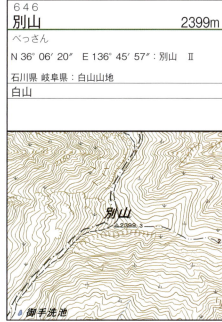

647 願教寺山 1691m	648 野伏ヶ岳 1674m	649 大日ヶ岳 1709m
がんきょうじやま N 36°03′25″ E 136°44′23″：願教寺山 Ⅲ 福井県 岐阜県：白山山地 願教寺山	のぶせがだけ N 36°00′46″ E 136°43′57″：野伏 Ⅲ 岐阜県 福井県：白山山地 願教寺山　　　三百名山	だいにちがたけ N 36°00′05″ E 136°50′16″：大日ヶ岳 Ⅰ 岐阜県：白山山地 石徹白　　　二百名山

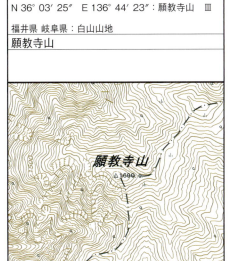

650 赤兎山 1629m	651 経ヶ岳 1625m	652 鷲走ヶ岳 1097m
あかうさぎやま	きょうがだけ	わっそうがたけ
N 36° 04′ 03″ E 136° 39′ 43″：赤兎山 Ⅲ	N 36° 02′ 47″ E 136° 37′ 19″：経ヶ岳 Ⅱ	N 36° 15′ 57″ E 136° 36′ 56″：高尾山 Ⅱ
福井県 石川県：白山山地	福井県：白山山地	石川県：白山山地
願教寺山	越前勝山　三百名山	尾小屋
あかとやま		

653 大日山 1368m	654 富士写ヶ岳 942m	655 浄法寺山 1053m
だいにちざん	ふじしゃがだけ	じょうほうじやま
N 36° 09′ 43″ E 136° 29′ 35″：標高点	N 36° 11′ 19″ E 136° 21′ 50″：富士写ヶ岳 Ⅰ	N 36° 07′ 30″ E 136° 23′ 34″：浄法寺山 Ⅱ
石川県：白山山地	石川県：白山山地	福井県：白山山地
龍谷	越前中川	龍谷

656 国見岳 656m	657 日野山 794m	658 部子山 1464m
くにみだけ	ひのさん	へこさん
N 36° 04′ 45″ E 136° 05′ 02″：国見岳 Ⅰ	N 35° 51′ 33″ E 136° 12′ 27″：日野山 Ⅱ	N 35° 53′ 10″ E 136° 26′ 21″：部子山 Ⅱ
福井県：越美・伊吹山地	福井県：越美・伊吹山地	福井県：越美・伊吹山地
越前蒲生	武生	宝慶寺
	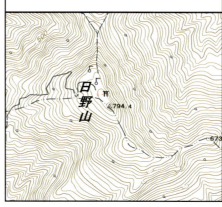	

659 荒島岳 1523m	660 平家岳 1442m	661 高賀山 1224m
あらしまだけ	へいけがだけ	こうがさん
N 35°56′03″ E 136°36′05″：荒島山 Ⅰ	N 35°48′36″ E 136°43′08″：平家岳 Ⅱ	N 35°40′19″ E 136°51′33″：高賀山 Ⅰ
福井県：越美・伊吹山地	福井県：越美・伊吹山地	岐阜県：越美・伊吹山地
荒島岳　　百名山	平家岳	上ヶ瀬

662 屏風山 1354m	663 姥ヶ岳 1454m	664 能郷白山（権現山） 1617m
びょうぶざん	うばがたけ	のうごうはくさん（ごんげんさん）
N 35°47′49″ E 136°37′36″：屏風山 Ⅱ	N 35°48′34″ E 136°30′21″：小沢 Ⅱ	N 35°45′45″ E 136°30′51″：能郷白山 Ⅰ
福井県 岐阜県：越美・伊吹山地	福井県：越美・伊吹山地	岐阜県：越美・伊吹山地
平家岳	能郷白山	能郷白山　　二百名山

665 冠山 1257m	666 三周ヶ岳 1292m	667 金糞岳 1317m
かんむりやま	さんしゅうがたけ	かなくそだけ
N 35°46′47″ E 136°24′34″：冠山 Ⅲ	N 35°41′01″ E 136°18′00″：三周岳 Ⅰ	N 35°33′00″ E 136°20′14″：標高点
福井県 岐阜県：越美・伊吹山地	岐阜県：越美・伊吹山地	岐阜県 滋賀県：越美・伊吹山地
冠山　　三百名山	広野	近江川合

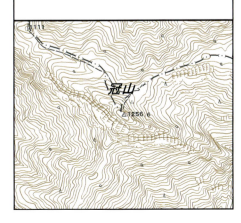 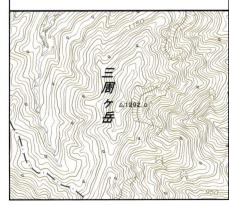 

668 伊吹山 1377m	669 霊仙山 1094m	670 笙ヶ岳 908m
いぶきやま	りょうぜんざん	しょうがだけ
N 35°25′04″ E 136°24′23″：伊吹山 Ⅰ	N 35°16′45″ E 136°22′53″：標高点	N 35°17′01″ E 136°30′40″：笙ヶ岳
滋賀県：越美・伊吹山地	滋賀県：鈴鹿・布引山地	岐阜県：鈴鹿・布引山地
関ヶ原　　百名山	霊仙山	養老
滋賀県最高峰		

  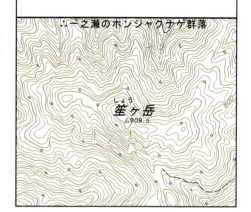

671 養老山 859m	672 御池岳 1247m	673 竜ヶ岳 1099m
ようろうさん	おいけだけ	りゅうがだけ
N 35°15′47″ E 136°31′24″：養老山 Ⅰ	N 35°10′43″ E 136°24′54″：標高点	N 35°07′10″ E 136°26′43″：竜ヶ岳 Ⅱ
岐阜県：鈴鹿・布引山地	滋賀県：鈴鹿・布引山地	滋賀県 三重県：鈴鹿・布引山地
養老	篠立	竜ヶ岳
		H 21 三角点標高改訂

  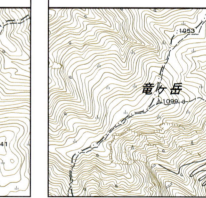

674 御在所山 1212m	675 雨乞岳 1238m	676 高畑山 773m
ございしょやま	あまごいだけ	たかはたやま
N 35°01′14″ E 136°25′04″：標高点	N 35°01′16″ E 136°23′03″：雨乞岳 Ⅲ	N 34°53′23″ E 136°19′15″：山中村 Ⅱ
滋賀県 三重県：鈴鹿・布引山地	滋賀県：鈴鹿・布引山地	三重県 滋賀県：鈴鹿・布引山地
御在所山　　二百名山	御在所山	鈴鹿峠
御在所山Ⅰ（1209.8m）		

  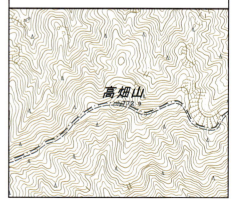

677 霊山 766m	678 経が峰 819m	679 笠取山 842m
れいさん	きょうがみね	かさとりやま
N 34°49′02″ E 136°15′38″：霊山 Ⅰ	N 34°45′59″ E 136°22′28″：経ケ峰 Ⅱ	N 34°44′03″ E 136°17′48″：標高点
三重県：鈴鹿・布引山地	三重県：鈴鹿・布引山地	三重県：鈴鹿・布引山地
平松	椋本	佐田
H 26 三角点標高改訂		

680 武奈ヶ岳 1214m	681 皆子山 971m	682 蓬莱山 1174m
ぶながだけ	みなこやま	ほうらいさん
N 35°15′53″ E 135°53′49″：武奈岳 Ⅲ	N 35°12′08″ E 135°50′07″：葛川 Ⅲ	N 35°12′34″ E 135°53′09″：比良ケ岳 Ⅰ
滋賀県：琵琶湖周辺　二百名山	京都府 滋賀県：琵琶湖周辺	滋賀県：琵琶湖周辺　三百名山
北小松	花脊	比良山
山名変更：H 18 関係自治体からの申請による (注) 旧山名：武奈ヶ嶽	京都府最高峰　H 26 三角点標高改訂	

683 比叡山＜大比叡＞ 848m	684 音羽山 593m	685 三上山 432m
ひえいざん＜だいひえい＞	おとわやま	みかみやま
N 35°03′57″ E 135°50′04″：比叡山 Ⅰ	N 34°58′37″ E 135°51′11″：小山 Ⅲ	N 35°03′02″ E 136°02′16″：標高点
滋賀県 京都府：琵琶湖周辺	京都府：琵琶湖周辺	滋賀県：琵琶湖周辺
京都東北部　三百名山	京都東南部	野洲

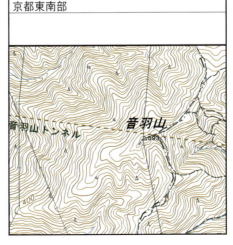
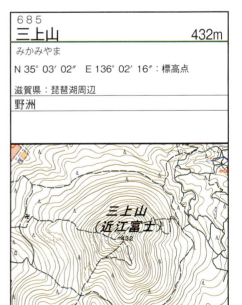

686 鷲峰山　682m
じゅうぶざん
N 34°49′50″　E 135°54′30″：標高点
京都府：笠置山地
笠置山

687 笠置山　324m
かさぎやま
N 34°45′07″　E 135°57′02″：笠置山　Ⅲ
京都府：笠置山地
柳生

688 若草山（三笠山）　342m
わかくさやま（みかさやま）
N 34°41′28″　E 135°51′16″：三笠山　Ⅲ
奈良県：笠置山地
奈良

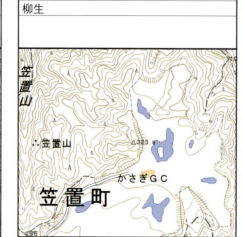

689 三輪山　467m
みわやま
N 34°32′06″　E 135°52′01″：三輪山　Ⅲ
奈良県：笠置山地
桜井

690 耳成山　139m
みみなしやま
N 34°30′53″　E 135°48′19″：耳成山　Ⅲ
奈良県：奈良盆地
桜井
H 13 三角点改測

691 天香久山　152m
あまのかぐやま
N 34°29′45″　E 135°49′06″：標高点
奈良県：奈良盆地
畝傍山

692 畝傍山　199m
うねびやま
N 34°29′33″　E 135°47′05″：畝傍山　Ⅲ
奈良県：奈良盆地
畝傍山

693 生駒山　642m
いこまやま
N 34°40′42″　E 135°40′44″：生駒山　Ⅰ
大阪府 奈良県：生駒・金剛・和泉山地
生駒山

694 信貴山　437m
しぎさん
N 34°36′46″　E 135°40′06″：標高点
奈良県：生駒・金剛・和泉山地
信貴山

695 二上山＜雄岳＞ 517m	696 葛城山 959m	697 金剛山 1125m
にじょうさん＜おだけ＞	かつらぎさん	こんごうさん
N 34°31′33″ E 135°40′39″：標高点	N 34°27′22″ E 135°40′56″：篠峰山 Ⅱ	N 34°25′10″ E 135°40′23″：標高点
奈良県：生駒・金剛・和泉山地	奈良県 大阪府：生駒・金剛・和泉山地	奈良県：生駒・金剛・和泉山地
大和高田	御所　三百名山	五條　二百名山
	大阪府最高峰	

698 岩湧山 897m	699 葛城山 858m	700 俎石山 420m
いわわきさん	かつらぎさん	そせきざん
N 34°22′27″ E 135°33′04″：岩湧山 Ⅱ	N 34°20′53″ E 135°26′04″：標高点	N 34°18′30″ E 135°12′28″：俎石山 Ⅰ
大阪府：生駒・金剛・和泉山地	大阪府 和歌山県：生駒・金剛・和泉山地	和歌山県 大阪府：生駒・金剛・和泉山地
岩湧山	内畑	淡輪

  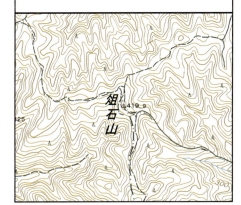

701 堀坂山 757m	702 尼ケ岳 957m	703 倶留尊山 1037m
ほっさかさん	あまがだけ	くろそやま
N 34°32′48″ E 136°25′58″：堀坂山 Ⅲ	N 34°33′27″ E 136°13′11″：尼ケ岳 Ⅱ	N 34°31′51″ E 136°10′13″：倶留尊山 Ⅲ
三重県：高見山地	三重県：高見山地	三重県 奈良県：高見山地
大河内	倶留尊山	倶留尊山　三百名山
	H21 三角点標高改訂	H21 三角点標高改訂

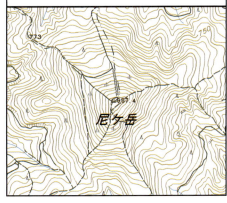 

1003 山

704 局ヶ岳 1029m	705 三峰山 1235m	706 高見山 1248m
つぼねがだけ	みうねやま	たかみやま
N 34° 27′ 38″ E 136° 19′ 37″ ：局岳 Ⅲ	N 34° 26′ 55″ E 136° 12′ 23″ ：三嶺山 Ⅰ	N 34° 25′ 43″ E 136° 05′ 18″ ：高見山 Ⅱ
三重県：高見山地	三重県 奈良県：高見山地	三重県 奈良県：高見山地
宮前	菅野　三百名山	高見山　三百名山

707 竜門岳 904m	708 朝熊ヶ岳 555m	709 七洞岳 778m
りゅうもんがだけ	あさまがたけ	ななほらがたけ
N 34° 26′ 26″ E 135° 53′ 52″ ：竜門岳 Ⅰ	N 34° 27′ 40″ E 136° 46′ 53″ ：標高点	N 34° 22′ 23″ E 136° 30′ 57″ ：白岩峰 Ⅰ
奈良県：高見山地	三重県：紀伊山地東部	三重県：紀伊山地東部
古市場　三百名山	鳥羽	脇出
竜門山（りゅうもんざん）		

710 迷岳 1309m	711 国見山 1419m	712 池木屋山 1396m
まよいだけ	くにみやま	いけごややま
N 34° 21′ 00″ E 136° 12′ 27″ ：迷ケ岳 Ⅱ	N 34° 22′ 33″ E 136° 05′ 12″ ：青俣山 Ⅱ	N 34° 18′ 58″ E 136° 07′ 46″ ：中奥 Ⅱ
三重県：紀伊山地東部（大台原山とその周辺）	三重県 奈良県：紀伊山地東部（大台原山とその周辺）	三重県 奈良県：紀伊山地東部（大台原山とその周辺）
七日市	大豆生	宮川貯水池

1km

713 白鬚岳 1378m	714 大台ヶ原山＜日出ヶ岳＞1695m	715 山上ヶ岳 1719m
しらひげだけ	おおだいがはらさん＜ひのでがたけ＞	さんじょうがたけ
N 34°17′35″ E 136°02′49″：神ノ谷 Ⅱ	N 34°11′07″ E 136°06′33″：大台ヶ原山 Ⅰ	N 34°15′09″ E 135°56′28″：大峰山上 Ⅰ
奈良県：紀伊山地東部（大台原山とその周辺）	奈良県 三重県：紀伊山地東部（大台原山とその周辺）	奈良県：紀伊山地東部（大峰山脈）
大和柏木	大台ヶ原山　**百名山**	弥山　**三百名山**
	三重県最高峰　おおだいがはら（ひでがたけ）	
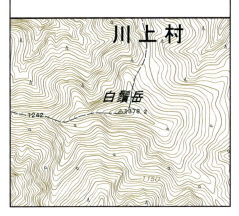		

716 大普賢岳 1780m	717 弥山 1895m	718 八経ヶ岳 1915m
だいふげんだけ	みせん	はっきょうがだけ
N 34°13′40″ E 135°57′46″：普賢森 Ⅲ	N 34°10′48″ E 135°54′34″：標高点	N 34°10′25″ E 135°54′27″：彌仙山 Ⅱ
奈良県：紀伊山地東部（大峰山脈）	奈良県：紀伊山地東部（大峰山脈）	奈良県：紀伊山地東部（大峰山脈）
弥山	弥山	弥山　**百名山**
		奈良県最高峰　山名変更：H18関係自治体からの申請による
		（注）旧山名：八剣山（仏経ヶ岳）
	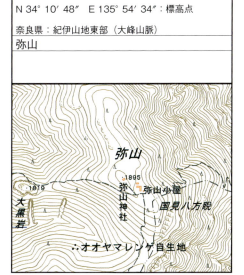	

719 仏生嶽 1805m	720 釈迦ヶ岳 1800m	721 涅槃岳 1376m
ぶっしょうがだけ	しゃかがだけ	ねはんだけ
N 34°08′04″ E 135°54′47″：佛生岳 Ⅲ	N 34°06′52″ E 135°54′11″：釈迦ヶ岳 Ⅰ	N 34°03′30″ E 135°53′49″：赤井谷 Ⅲ
奈良県：紀伊山地東部（大峰山脈）	奈良県：紀伊山地東部（大峰山脈）	奈良県：紀伊山地東部（大峰山脈）
釈迦ヶ岳	釈迦ヶ岳　**二百名山**	池原

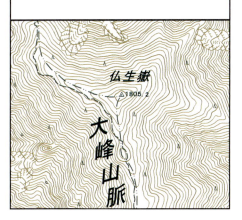

722 笠捨山 1353m	723 玉置山 1077m	724 高峰山 1045m
かさすてやま	たまきやま	たかみねさん
N 33° 58′ 58″ E 135° 53′ 54″：笠捨山　Ⅱ	N 33° 55′ 36″ E 135° 49′ 54″：玉置山　Ⅰ	N 34° 01′ 55″ E 136° 08′ 50″：高小屋山　Ⅰ
奈良県：紀伊山地東部（大峰山脈）	奈良県：紀伊山地東部（大峰山脈）	三重県：紀伊山地東部
大沼	十津川温泉	尾鷲
H21 三角点標高改訂	H21 三角点標高改訂	

725 子ノ泊山 907m	726 龍門山 756m	727 生石ヶ峰 870m
ねのとまりやま	りゅうもんざん	おいしがみね
N 33° 47′ 40″ E 135° 55′ 50″：子ノ泊山　Ⅰ	N 34° 14′ 17″ E 135° 24′ 41″：竜門山　Ⅲ	N 34° 06′ 18″ E 135° 20′ 03″：生石山　Ⅰ
三重県：紀伊山地東部	和歌山県：紀伊山地西部	和歌山県：紀伊山地西部
大里	龍門山	動木
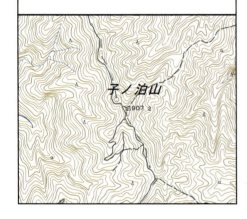		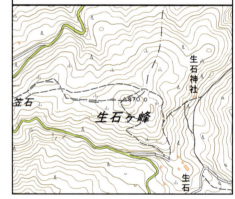

728 白馬山 957m	729 伯母子岳 1344m	730 護摩壇山 1372m
しらまやま	おばこだけ	ごまだんざん
N 34° 00′ 57″ E 135° 22′ 20″：白馬岳　Ⅱ	N 34° 04′ 39″ E 135° 39′ 03″：標高点	N 34° 03′ 27″ E 135° 34′ 01″：標高点
和歌山県：紀伊山地西部	奈良県：紀伊山地西部	奈良県 和歌山県：紀伊山地西部
紀伊清水	伯母子岳　二百名山	護摩壇山　三百名山
		ごまだんやま
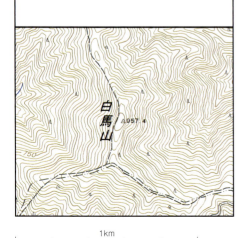	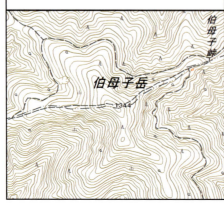	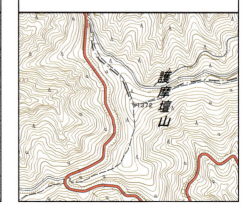

731 牛廻山 1207m	732 冷水山 1262m	733 大塔山 1122m
うしまわしやま	ひやみずやま	おおとうざん
N 33°56′56″ E 135°37′53″：上湯川　Ⅱ	N 33°53′57″ E 135°39′10″：果無山　Ⅰ	N 33°43′37″ E 135°42′50″：大塔山　Ⅲ
奈良県 和歌山県：紀伊山地西部	奈良県：紀伊山地西部	和歌山県：紀伊山地西部
重里	発心門	木守
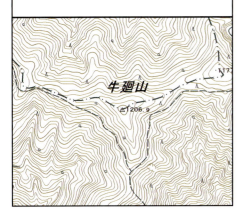		

734 法師山 1121m	735 那智山＜烏帽子山＞ 910m	736 善司ノ森山 591m
ほうしやま	なちさん＜えぼしやま＞	ぜんじのもりやま
N 33°43′33″ E 135°39′55″：法師ノ森　Ⅰ	N 33°41′46″ E 135°54′03″：帽子石山　Ⅰ	N 33°35′37″ E 135°32′49″：善司ノ森　Ⅰ
和歌山県：紀伊山地西部	和歌山県：紀伊山地西部	和歌山県：紀伊山地西部
木守	新宮	市鹿野
H17 三角点改測	H21 三角点標高改訂	

737 野坂岳 913m	738 雲谷山 786m	739 久須夜ヶ岳 619m
のさかだけ	くもだにやま	くすやがだけ
N 35°35′23″ E 136°01′29″：野坂岳　Ⅰ	N 35°33′28″ E 135°56′42″：雲谷　Ⅱ	N 35°33′27″ E 135°44′01″：久須夜ヶ岳　Ⅰ
福井県：丹波高地	福井県：丹波高地	福井県：丹波高地
敦賀	三方	鋸崎
H26 三角点標高改訂	H26 三角点標高改訂	
	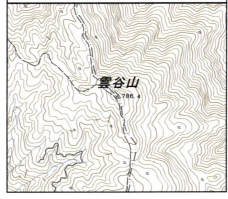	

740 百里ヶ岳　931m
ひゃくりがだけ
N 35°23′30″　E 135°48′36″：木地山　Ⅰ
福井県　滋賀県：丹波高地
古屋

741 飯盛山　584m
はんせいざん
N 35°27′07″　E 135°39′36″：飯盛山　Ⅱ
福井県：丹波高地
小浜

742 青葉山　693m
あおばやま
N 35°30′18″　E 135°29′02″：標高点
福井県：丹波高地
青葉山

743 頭巾山　871m
とうきんざん
N 35°22′39″　E 135°32′04″：納田終村　Ⅱ
福井県　京都府：丹波高地
口坂本
ときんやま

744 長老ヶ岳　917m
ちょうろうがだけ
N 35°18′12″　E 135°28′26″：長老ヶ岳　Ⅰ
京都府：丹波高地
和知

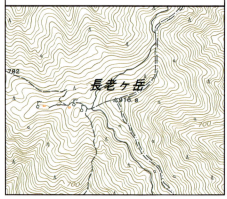

745 桟敷ヶ岳　896m
さじきがだけ
N 35°09′33″　E 135°43′02″：桟敷岳　Ⅱ
京都府：丹波高地
周山

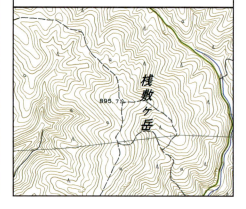

746 愛宕山　924m
あたごやま
N 35°03′37″　E 135°38′03″：標高点
京都府：丹波高地
京都西北部　三百名山

747 ポンポン山　679m
ぽんぽんやま
N 34°56′07″　E 135°37′26″：加茂勢山　Ⅱ
京都府　大阪府：丹波高地
京都西南部

748 妙見山　660m
みょうけんさん
N 34°55′44″　E 135°28′02″：妙見山　Ⅳ
大阪府　兵庫県：丹波高地
妙見山

1003 山

749 歌垣山 553m	750 剣尾山 784m	751 三嶽 793m
うたがきやま	けんびさん	みたけ
N 34°58′27″ E 135°28′36″：倉垣 I Ⅱ	N 35°00′13″ E 135°24′14″：標高点	N 35°07′38″ E 135°14′42″：御岳山 I
大阪府：丹波高地	大阪府：丹波高地	兵庫県：丹波高地
妙見山	埴生	宮田

752 白髪岳 722m	753 太鼓山 683m	754 磯砂山 661m
しらがだけ	たいこやま	いさなごさん
N 35°02′46″ E 135°08′05″：白髪岳 Ⅱ	N 35°41′43″ E 135°12′15″：太鼓山 I	N 35°32′55″ E 135°02′17″：磯砂山 I
兵庫県：丹波高地	京都府：丹波高地	京都府：丹波高地
篠山	丹後平	四辻

755 大江山（千丈ヶ嶽） 832m	756 東床尾山 839m	757 来日岳 567m
おおえやま（せんじょうがたけ）	ひがしとこのおさん	くるひだけ
N 35°27′12″ E 135°06′24″：千丈ケ岳 Ⅱ	N 35°25′19″ E 134°54′57″：床ノ尾山 I	N 35°36′43″ E 134°47′08″：来日山 I
京都府：丹波高地	兵庫県：丹波高地	兵庫県：丹波高地
大江山	出石	城崎
H26 三角点標高改訂		

758 六甲山 931m	759 摩耶山 702m	760 妙見山 522m
ろっこうさん	まやさん	みょうけんやま
N 34°46′41″ E 135°15′49″：六甲山 Ⅰ	N 34°43′59″ E 135°12′15″：標高点	N 34°29′50″ E 134°56′36″：標高点
兵庫県：六甲山地	兵庫県：六甲山地	兵庫県：淡路島
宝塚　三百名山	神戸首部	志筑

761 諭鶴羽山 608m	762 粟鹿山 962m	763 千ヶ峰 1005m
ゆづるはさん	あわがやま	せんがみね
N 34°14′06″ E 134°48′51″：諭鶴羽山 Ⅰ	N 35°16′22″ E 134°54′56″：粟鹿山 Ⅰ	N 35°08′41″ E 134°53′02″：千ヶ峰 Ⅱ
兵庫県：淡路島	兵庫県：中国山地東部	兵庫県：中国山地東部
諭鶴羽山	矢名瀬	丹波和田

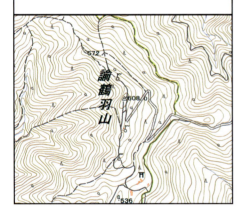  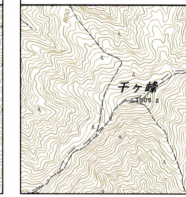

764 笠形山 939m	765 久斗山 650m	766 蘇武岳 1074m
かさがたやま	くとやま	そぶがたけ
N 35°03′51″ E 134°50′05″：笠形山 Ⅰ	N 35°37′16″ E 134°33′46″：標高点	N 35°28′15″ E 134°38′17″：蘇武滝山 Ⅰ
兵庫県：中国山地東部	兵庫県：中国山地東部	兵庫県：中国山地東部
粟賀町	余部	栃本

1003 山

767 妙見山 1139m
みょうけんやま
N 35° 24′ 38″ E 134° 38′ 38″：標高点
兵庫県：中国山地東部
関宮

768 藤無山 1139m
ふじなしやま
N 35° 16′ 00″ E 134° 36′ 02″：三本杉　Ⅱ
兵庫県：中国山地東部
戸倉峠

769 段ヶ峰 1103m
だんがみね
N 35° 11′ 30″ E 134° 43′ 39″：段ヶ峰　Ⅱ
兵庫県：中国山地東部
神子畑

770 雪彦山 915m
せっぴこさん
N 35° 04′ 22″ E 134° 39′ 04″：雪彦山　Ⅳ
兵庫県：中国山地東部
寺前

771 扇ノ山 1310m
おうぎのせん
N 35° 26′ 23″ E 134° 26′ 27″：扇ノ山　Ⅱ
鳥取県：中国山地東部
扇ノ山　　三百名山

772 鉢伏山 1222m
はちぶせやま
N 35° 23′ 43″ E 134° 32′ 11″：鉢伏　Ⅲ
兵庫県：中国山地東部
氷ノ山
H 19 三角点再設置

773 氷ノ山（須賀ノ山） 1510m
ひょうのせん（すがのせん）
N 35° 21′ 14″ E 134° 30′ 50″：氷ノ山　Ⅰ
兵庫県 鳥取県：中国山地東部
氷ノ山　　二百名山
兵庫県最高峰

774 三室山 1358m
みむろやま
N 35° 14′ 12″ E 134° 27′ 46″：三室山　Ⅱ
兵庫県 鳥取県：中国山地東部
西河内

775 東山 1388m
とうせん
N 35° 17′ 32″ E 134° 22′ 59″：藤仙山　Ⅲ
鳥取県：中国山地東部
岩屋堂

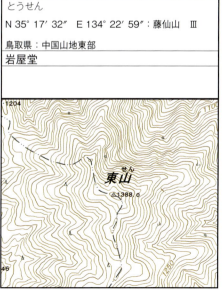

776 沖ノ山 1318m	777 後山 1344m	778 那岐山 1255m
おきのやま	うしろやま	なぎさん
N 35°14′53″ E 134°21′24″：中原 Ⅱ	N 35°11′13″ E 134°24′40″：後山 Ⅲ	N 35°10′18″ E 134°10′49″：測定点
鳥取県：中国山地東部	岡山県 兵庫県：中国山地東部	鳥取県 岡山県：中国山地東部
坂根	西河内	大背　　　　　　　　　三百名山
	岡山県最高峰　H 26 三角点標高改訂	H 13 現地測量による標高改訂

779 書写山 371m	780 白旗山 440m	781 八塔寺山 538m
しょしゃざん	しらはたやま	はっとうじさん
N 34°53′34″ E 134°39′23″：標高点	N 34°54′30″ E 134°22′51″：白旗山 Ⅰ	N 34°55′23″ E 134°15′08″：八塔寺山 Ⅱ
兵庫県：吉備高原東部	兵庫県：吉備高原東部	岡山県：吉備高原東部
姫路北部	二木	上月
		H 26 三角点標高改訂

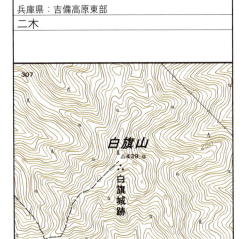

782 金山 499m	783 大平山 698m	784 大満寺山 608m
かなやま	おおひらやま	だいまんじさん
N 34°44′41″ E 133°56′27″：金山 Ⅰ	N 34°53′56″ E 133°42′25″：大平山 Ⅰ	N 36°15′24″ E 133°19′50″：大満寺山 Ⅰ
岡山県：吉備高原東部	岡山県：吉備高原東部	島根県：隠岐
岡山北部	有漢市場	布施
H 26 三角点標高改訂		

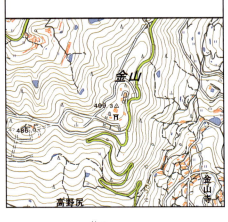
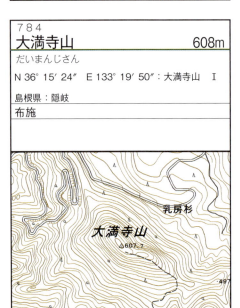

785 焼火山 452m	786 朝日山 344m	787 鼻高山 536m
たくひやま	あさひやま	はなたかせん
N 36°04′29″ E 133°01′55″：焼火山 Ⅲ	N 35°30′28″ E 132°58′35″：標高点	N 35°24′45″ E 132°45′10″：鼻高山 Ⅰ
島根県：隠岐	島根県：島根半島	島根県：島根半島
浦郷	恵曇	出雲今市
	朝日山Ⅰ（341.8m）	

788 高鉢山 1203m	789 花知ヶ仙 1247m	790 津黒山 1118m
たかはちやま	はなちがせん	つぐろせん
N 35°21′37″ E 134°03′04″：標高点	N 35°15′34″ E 133°58′30″：花知山 Ⅱ	N 35°15′07″ E 133°48′54″：津黒山 Ⅱ
鳥取県：中国山地中部	岡山県：中国山地中部	岡山県：中国山地中部
岩坪	上斎原	富西谷
		つぐろやま

791 蒜山＜上蒜山＞ 1202m	792 矢筈ヶ山 1358m	793 大山＜剣ヶ峰＞ 1729m
ひるぜん＜かみひるぜん＞	やはずがせん	だいせん＜けんがみね＞
N 35°19′30″ E 133°39′48″：標高点	N 35°23′12″ E 133°34′51″：二子山 Ⅰ	N 35°22′16″ E 133°32′46″：標高点
鳥取県 岡山県：中国山地中部	鳥取県：中国山地中部	鳥取県：中国山地中部
蒜山　　　　二百名山	伯耆大山	伯耆大山　　　　百名山
上蒜山Ⅱ（1199.7m）	H 12 三角点改測	鳥取県最高峰　＜弥山＞の標高は1709m
		＜弥山＞の標高は1711m

 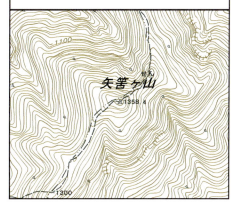 

794 烏ヶ山　1448m
からすがせん
N 35°21′21″　E 133°34′13″：標高点
鳥取県：中国山地中部
伯耆大山

795 毛無山　1219m
けなしがせん
N 35°14′08″　E 133°30′53″：田浪 Ⅲ
鳥取県 岡山県：中国山地中部
美作新庄
H 26 三角点標高改訂

796 宝仏山　1005m
ほうぶつざん
N 35°13′47″　E 133°28′13″：標高点
鳥取県：中国山地中部
根雨
宝仏山Ⅱ（1002.0m）

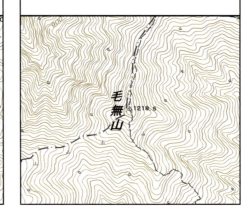

797 星山　1030m
ほしやま
N 35°08′31″　E 133°40′38″：星山 Ⅰ
岡山県：中国山地中部
横部

798 花見山　1188m
はなみやま
N 35°09′09″　E 133°24′04″：花見山 Ⅰ
鳥取県 岡山県：中国山地中部
千屋実

799 大倉山　1112m
おおくらやま
N 35°08′01″　E 133°21′19″：大倉山 Ⅱ
鳥取県：中国山地中部
上石見

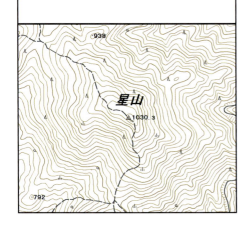

800 船通山　1142m
せんつうざん
N 35°09′21″　E 133°10′43″：船通山 Ⅱ
島根県 鳥取県：中国山地中部
多里

801 道後山　1271m
どうごやま
N 35°04′10″　E 133°13′58″：標高点
広島県 鳥取県：中国山地中部
道後山　　三百名山

802-1 比婆山＜立烏帽子山＞　1299m
ひばやま＜たてえぼしやま＞
N 35°03′06″　E 133°03′56″：標高点
広島県：中国山地中部
比婆山
比婆山の最高峰

802-2 比婆山＜烏帽子山＞ 1225m	803 猿政山 1268m	804 大万木山 1218m
ひばやま＜えぼしやま＞ N 35°04′12″ E 133°03′08″：烏帽子山 Ⅲ 広島県 島根県：中国山地中部 比婆山	さるまさやま N 35°04′53″ E 132°58′04″：猿政山 Ⅰ 島根県 広島県：中国山地中部 比婆新市	おおよろぎやま N 35°05′15″ E 132°51′16″：大万木山 Ⅱ 島根県 広島県：中国山地中部 出雲吉田
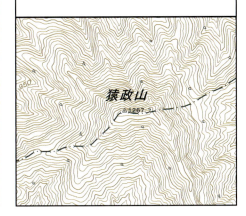		

805 琴引山（弥山） 1013m	806 三瓶山＜男三瓶山＞ 1126m	807 大江高山 808m
ことびきさん（みせん） N 35°02′53″ E 132°46′57″：琴引山 Ⅱ 島根県：中国山地中部 頓原	さんべさん＜おさんべさん＞ N 35°08′26″ E 132°37′18″：三瓶山 Ⅰ 島根県：中国山地中部 三瓶山西部　二百名山　活火山	おおえたかやま N 35°03′50″ E 132°25′43″：大江高山 Ⅰ 島根県：中国山地中部 大家
		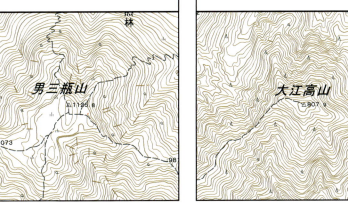

808 星居山 834m	809 岳山 741m	810 龍王山 665m
ほしのこやま N 34°44′53″ E 133°13′18″：星居山 Ⅰ 広島県：吉備高原西部 高蓋 H 18 三角点標高改測	だけやま N 34°38′56″ E 133°09′24″：標高点 広島県：吉備高原西部 木野山	りゅうおうさん N 34°27′21″ E 133°05′00″：八幡竜王山 Ⅰ 広島県：吉備高原西部 垣内
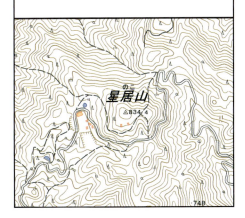	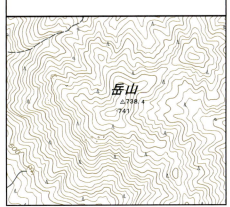	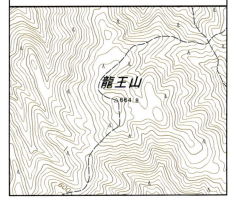

1003 山

811 鷹ノ巣山　922m
たかのすざん
N 34°33′58″　E 132°44′46″：鷹巣山　Ⅰ
広島県：吉備高原西部
井原市

812 白木山　889m
しらきやま
N 34°31′17″　E 132°34′32″：白木山　Ⅱ
広島県：吉備高原西部
可部

813 呉娑々宇山　682m
ごさそうざん
N 34°25′22″　E 132°32′52″：五八霜山　Ⅱ
広島県：吉備高原西部
中深川

814 野呂山（膳棚山）　839m
のろさん（ぜんだなやま）
N 34°15′44″　E 132°39′58″：野呂山　Ⅱ
広島県：吉備高原西部
安芸内海

815 冠山　863m
かんざん
N 34°55′03″　E 132°30′07″：標高点
島根県：中国山地西部
出羽
こうぶりやま

816 阿佐山　1218m
あさやま
N 34°47′09″　E 132°22′53″：阿佐山　Ⅰ
島根県 広島県：中国山地西部
大朝

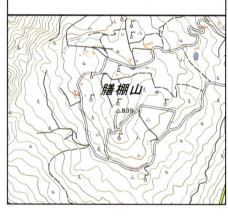
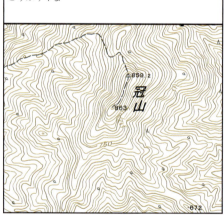

817 天狗石山　1192m
てんぐいしやま
N 34°47′32″　E 132°20′34″：天狗山　Ⅲ
島根県 広島県：中国山地西部
石見坂本

818 雲月山　911m
うんげつやま
N 34°48′08″　E 132°14′20″：雲月山　Ⅱ
島根県 広島県：中国山地西部
波佐

819 大佐山　1069m
おおさやま
N 34°44′52″　E 132°12′05″：大佐山　Ⅱ
島根県 広島県：中国山地西部
臥龍山

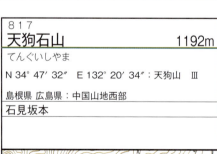

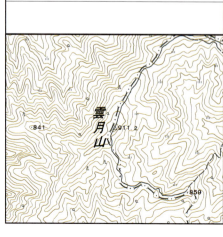

1km

106

820 臥龍山 1223m
がりゅうざん
N 34°41′24″ E 132°11′48″：苅尾山　Ⅰ
広島県：中国山地西部
臥龍山
苅尾山（かりおさん）

821 深入山 1153m
しんにゅうざん
N 34°39′00″ E 132°12′24″：新入山　Ⅲ
広島県：中国山地西部
三段峡

822 恐羅漢山 1346m
おそらかんざん
N 34°35′44″ E 132°07′47″：羅漢　Ⅲ
島根県 広島県：中国山地西部
三段峡
島根県・広島県最高峰

823 十方山 1328m
じっぽうざん
N 34°33′55″ E 132°08′32″：標高点
広島県：中国山地西部
戸河内

824 大峯山 1050m
おおみねやま
N 34°24′57″ E 132°13′01″：測定点
広島県：中国山地西部
津田
大峯山Ⅱ（1039.8m）

825 冠山 1339m
かんむりやま
N 34°28′07″ E 132°04′34″：冠山　Ⅰ
広島県：中国山地西部
安芸冠山

826 寂地山 1337m
じゃくちさん
N 34°28′02″ E 132°03′16″：標高点
山口県 島根県：中国山地西部
安芸冠山
山口県最高峰

827 安蔵寺山 1263m
あぞうじやま
N 34°28′38″ E 131°58′02″：杉山　Ⅱ
島根県：中国山地西部
安蔵寺山

828 小五郎山 1162m
こごろうさん
N 34°25′01″ E 132°00′31″：小五郎　Ⅲ
山口県：中国山地西部
宇佐郷

1003 山

829 羅漢山 1109m
らかんざん
N 34°21′20″ E 132°04′02″：羅漢山 Ⅱ
山口県：中国山地西部
宇佐郷

830 鈴ノ大谷山 1036m
すずのおおたにやま
N 34°22′36″ E 131°50′21″：大谷山 Ⅱ
島根県：中国山地西部
椛谷

831 平家ヶ岳 1066m
へいけがだけ
N 34°19′06″ E 131°53′59″：平家岳 Ⅱ
島根県 山口県：中国山地西部
周防広瀬

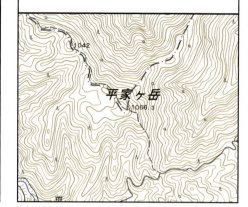

832 馬糞ヶ岳 985m
ばふんがだけ
N 34°15′02″ E 131°53′47″：馬糞ヶ岳 Ⅰ
山口県：中国山地西部
周防須万

833 莇ヶ岳 1004m
あざみがだけ
N 34°19′57″ E 131°46′40″：小河内 Ⅲ
山口県：中国山地西部
莇ヶ岳

834 青野山 907m
あおのやま
N 34°27′44″ E 131°47′53″：青野山 Ⅱ
島根県：中国山地西部
津和野
H 26 三角点標高改訂

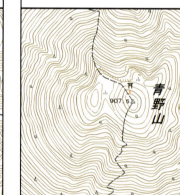

835 十種ヶ峰 989m
とくさがみね
N 34°26′18″ E 131°41′43″：徳佐ヶ峰 Ⅰ
山口県 島根県：中国山地西部
十種ヶ峰

836 高山 533m
こうやま
N 34°39′08″ E 131°36′48″：高山 Ⅰ
山口県：中国山地西部
須佐

837 西鳳翩山 742m
にしほうべんざん
N 34°12′39″ E 131°24′34″：西方便 Ⅲ
山口県：中国山地西部
山口

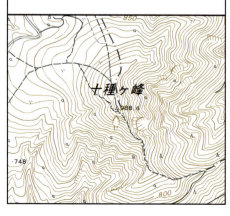

1km

838 大平山 631m	839 桂木山 702m	840 花尾山 669m
おおひらやま	かつらぎさん	はなおやま
N 34° 04′ 24″　E 131° 37′ 49″：牟礼山　Ⅰ	N 34° 18′ 19″　E 131° 18′ 10″：四城ケ岳　Ⅱ	N 34° 17′ 02″　E 131° 13′ 16″：花尾山　Ⅰ
山口県：中国山地西部	山口県：中国山地西部	山口県：中国山地西部
福川	秋吉台北部	長門湯本

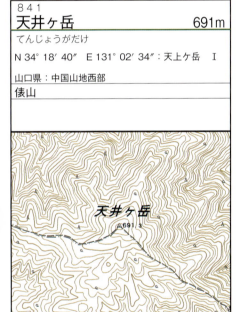

841 天井ヶ岳 691m	842 狗留孫山（御岳） 616m	843 竜王山 614m
てんじょうがだけ	くるそんざん（おだけ）	りゅうおうざん
N 34° 18′ 40″　E 131° 02′ 34″：天上ケ岳　Ⅰ	N 34° 12′ 53″　E 130° 58′ 35″：狗留孫山　Ⅱ	N 34° 04′ 06″　E 130° 56′ 09″：吉見竜王山　Ⅰ
山口県：中国山地西部	山口県：中国山地西部	山口県：中国山地西部
俵山	小串	安岡

四国・九州

一部本州の山もある。

844 嶮岨山＜星ヶ城山＞　　816m けんそざん＜ほしがじょうやま＞ N 34°30′55″　E 134°19′03″：星ヶ城山　Ⅰ 香川県：瀬戸内海（小豆島） 寒霞渓 H 26 三角点標高改訂	845 熊ヶ峰　　　　　　　　　438m くまがみね N 34°26′00″　E 133°22′06″：保ケ迫　Ⅳ 広島県：瀬戸内海（福山南部） 福山西部	846 鷲ヶ頭山　　　　　　　　436m わしがとうざん N 34°14′21″　E 133°01′17″：鷲頭山　Ⅱ 愛媛県：瀬戸内海（大三島） 木浦 H 26 三角点標高改訂

847 弥山　　　　　　　　　　535m みせん N 34°16′46″　E 132°19′10″：測定点 広島県：瀬戸内海（厳島） 厳島 H 17 現地計測による標高改訂	848 皇座山　　　　　　　　　526m おおざさん N 33°51′11″　E 132°08′32″：室津山　Ⅰ 山口県：瀬戸内海（柳井市南方） 阿月 H 26 三角点標高改訂	849 五剣山（八栗山）　　　　375m ごけんざん（やくりやま） N 34°21′40″　E 134°08′29″：標高点 香川県：讃岐山地とその周辺 五剣山

850 大平山　　　　　　　　　479m おおひらやま N 34°19′47″　E 133°57′09″：新居　Ⅱ 香川県：讃岐山地とその周辺 白峰山	851 飯野山（讃岐富士）　　　422m いいのやま（さぬきふじ） N 34°16′28″　E 133°50′45″：飯野山　Ⅲ 香川県：讃岐山地とその周辺 丸亀	852 象頭山＜大麻山＞　　　　616m ぞうずさん＜おおさやま＞ N 34°11′48″　E 133°47′19″：大麻山　Ⅱ 香川県：讃岐山地とその周辺 善通寺
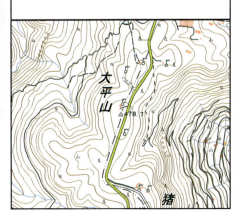	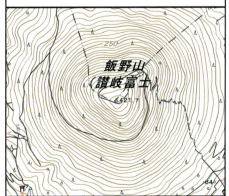	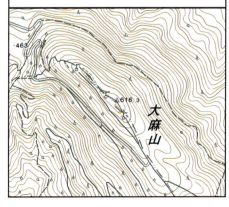

1003 山

853 矢筈山 789m	854 大滝山 946m	855 竜王山 1060m
やはずやま	おおたきやま	りゅうおうざん
N 34°11′39″ E 134°11′48″：標高点	N 34°07′24″ E 134°07′37″：標高点	N 34°06′56″ E 134°02′54″：阿波竜王 Ⅳ
香川県：讃岐山地とその周辺	香川県 徳島県：讃岐山地とその周辺	徳島県 香川県：讃岐山地とその周辺
鹿庭	西赤谷	讃岐塩江
矢筈山Ⅰ（787.7m）		香川県最高峰

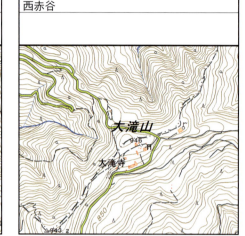

856 大川山 1043m	857 雲辺寺山 927m	858 東三方ヶ森 1233m
だいせんざん	うんぺんじさん	ひがしさんぼうがもり
N 34°06′55″ E 133°56′23″：大川山 Ⅱ	N 34°02′07″ E 133°43′23″：標高点	N 33°54′10″ E 132°57′35″：赤子谷 Ⅱ
徳島県 香川県：讃岐山地とその周辺	香川県 徳島県：讃岐山地とその周辺	愛媛県：高縄山地
内田	讃岐豊浜	東三方ヶ森

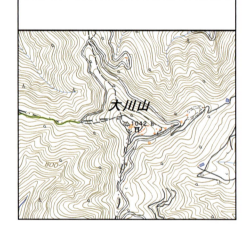

859 高縄山 986m	860 眉山 290m	861 中津峰山 773m
たかなわさん	びざん	なかつみねやま
N 33°56′45″ E 132°51′00″：高縄山 Ⅰ	N 34°03′40″ E 134°30′59″：標高点	N 33°57′45″ E 134°30′34″：中津峰 Ⅱ
愛媛県：高縄山地	徳島県：四国山地東部	徳島県：四国山地東部
伊予北条	徳島	立江

1km

862 太竜寺山 618m	863 高越山 1133m	864 雲早山 1496m
たいりゅうじやま	こうつざん	くもそうやま
N 33°52′27″ E 134°31′11″：標高点	N 34°01′02″ E 134°11′45″：標高点	N 33°54′21″ E 134°17′41″：雲早山 Ⅱ
徳島県：四国山地東部	徳島県：四国山地東部（剣山地）	徳島県：四国山地東部（剣山地）
馬場	脇町	雲早山

865 八面山 1312m	866-1 剣山 1955m	866-2 剣山＜丸笹山＞ 1712m
やつらやま	つるぎさん	つるぎさん＜まるざさやま＞
N 33°55′24″ E 134°05′59″：八面山 Ⅱ	N 33°51′13″ E 134°05′39″：剣山 Ⅰ	N 33°52′27″ E 134°05′24″：丸笹山 Ⅲ
徳島県：四国山地東部（剣山地）	徳島県：四国山地東部（剣山地）	徳島県：四国山地東部（剣山地）
阿波古見	剣山　**百名山**　徳島県最高峰	剣山

867 塔丸 1713m	868 矢筈山 1849m	869 中津山 1447m
とうのまる	やはずさん	なかつざん
N 33°52′01″ E 134°02′21″：塔丸 Ⅲ	N 33°55′30″ E 133°58′30″：矢筈山 Ⅱ	N 33°55′29″ E 133°50′39″：中津山 Ⅰ
徳島県：四国山地東部（剣山地）	徳島県：四国山地東部（剣山地）	徳島県：四国山地東部（剣山地）
剣山	阿波中津　H21三角点改測	阿波川口

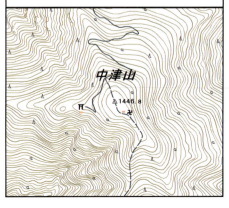

870 国見山　1409m	871 天狗塚　1812m	872 三嶺　1894m
くにみざん N 33°54′27″　E 133°47′05″：国見山　Ⅱ 徳島県：四国山地東部（剣山地） 大歩危	てんぐづか N 33°49′37″　E 133°56′36″：標高点 徳島県：四国山地東部（剣山地） 久保沼井	みうね N 33°50′22″　E 133°59′16″：三嶺　Ⅱ 徳島県　高知県：四国山地東部（剣山地） 京上　　二百名山 高知県最高峰　さんれい　H 26 三角点標高改訂

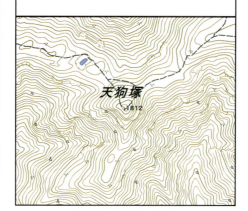 

873 白髪山　1770m	874 石立山　1708m	875 梶ヶ森　1400m
しらがやま N 33°48′36″　E 133°59′35″：白髪山　Ⅲ 高知県：四国山地東部（剣山地） 久保沼井	いしたてざん N 33°47′05″　E 134°03′18″：石立山　Ⅱ 徳島県　高知県：四国山地東部（剣山地） 北川	かじがもり N 33°45′33″　E 133°45′05″：大北森　Ⅰ 高知県：四国山地東部 東土居

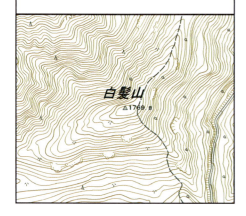  

876 甚吉森　1423m	877 天狗森　1296m	878 鐘ヶ龍森　1126m
じんきちもり N 33°41′41″　E 134°06′36″：甚吉森　Ⅱ 徳島県　高知県：四国山地東部 赤城尾山	てんぐもり N 33°37′08″　E 134°04′04″：天狗森　Ⅰ 高知県：四国山地東部 土佐魚梁瀬 H 26 三角点標高改訂	かねがりゅうもり N 33°32′49″　E 134°04′55″：鐘ケ竜　Ⅱ 高知県：四国山地東部 馬路

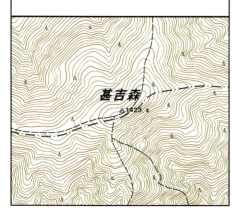  

879 工石山 1516m	880 白髪山 1469m	881 稲叢山 1506m
くいしやま	しらがやま	いなむらやま
N 33°51′20″ E 133°34′48″：仁尾ケ内山 Ⅰ	N 33°48′58″ E 133°35′27″：上関 Ⅲ	N 33°44′49″ E 133°21′33″：稲村ケ台 Ⅱ
高知県：四国山地西部	高知県：四国山地西部	高知県：四国山地西部
佐々連尾山	本山	日比原
奥工石山（おくくいしやま）	H26 三角点標高改訂	

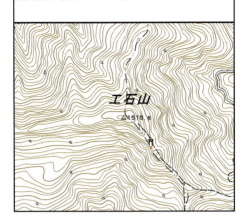

882 工石山 1177m	883 赤星山 1453m	884 東赤石山 1706m
くいしやま	あかぼしやま	ひがしあかいしやま
N 33°40′11″ E 133°30′22″：標高点	N 33°55′10″ E 133°27′29″：赤星山 Ⅱ	N 33°52′30″ E 133°22′30″：赤石 Ⅲ
高知県：四国山地西部	愛媛県：四国山地西部（石鎚山地）	愛媛県：四国山地西部（石鎚山地）
土佐山	弟地	弟地　二百名山
工石山Ⅰ（1176.4m）		

885 笹ヶ峰 1860m	886 伊予富士 1756m	887 瓶ヶ森 1897m
ささがみね	いよふじ	かめがもり
N 33°49′41″ E 133°16′29″：笹ヶ峰 Ⅰ	N 33°47′17″ E 133°14′53″：伊予富士 Ⅲ	N 33°47′41″ E 133°11′36″：亀ケ森 Ⅱ
愛媛県 高知県：四国山地西部（石鎚山地）	愛媛県 高知県：四国山地西部（石鎚山地）	愛媛県：四国山地西部（石鎚山地）
日ノ浦　二百名山	日ノ浦　三百名山	瓶ヶ森　三百名山
H26 三角点標高改訂		H26 三角点標高改訂

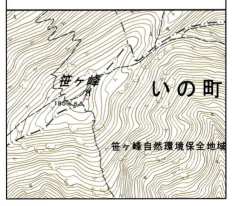

1003 山

888 石鎚山＜天狗岳＞ 1982m	889 二ノ森 1930m	890 筒上山 1860m
いしづちさん＜てんぐだけ＞	にのもり	つつじょうざん
N 33°46′04″ E 133°06′54″：標高点	N 33°45′31″ E 133°05′38″：面河山 I	N 33°43′55″ E 133°09′40″：筒城山 III
愛媛県：四国山地西部（石鎚山地）	愛媛県：四国山地西部（石鎚山地）	愛媛県 高知県：四国山地西部（石鎚山地）
石鎚山　**百名山**	石鎚山	筒上山
愛媛県最高峰	H 22 三角点標高改測	H 26 三角点標高改訂

891 石墨山 1456m	892 障子山 885m	893 壺神山 971m
いしずみさん	しょうじやま	つぼがみやま
N 33°44′02″ E 132°59′05″：石墨山 II	N 33°42′19″ E 132°45′55″：障子山 I	N 33°36′20″ E 132°33′17″：壺神山 I
愛媛県：四国山地西部	愛媛県：四国山地西部	愛媛県：四国山地西部
石墨山	砥部	串

 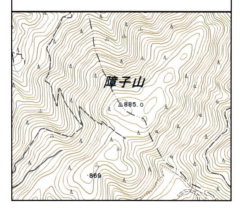

894 出石山 812m	895 神南山 710m	896 御在所山 915m
いずしやま	かんなんざん	ございしょざん
N 33°32′06″ E 132°27′55″：標高点	N 33°31′03″ E 132°37′58″：神南山 II	N 33°20′38″ E 132°45′21″：標高点
愛媛県：四国山地西部	愛媛県：四国山地西部	愛媛県：四国山地西部
出海	内子	土居

897 笠取山 1562m
かさとりやま
N 33°33′20″ E 132°55′21″：笠取山 Ⅲ
愛媛県：四国山地西部
笠取山

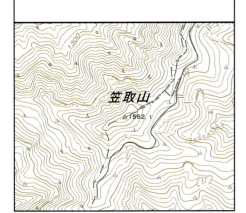

898 中津山（明神山） 1541m
なかつさん（みょうじんさん）
N 33°34′32″ E 133°02′48″：中津明神山 Ⅰ
愛媛県 高知県：四国山地西部
柳井川

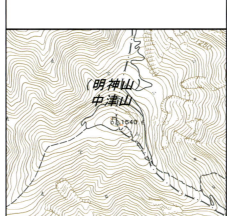

899 不入山 1336m
いらずやま
N 33°26′27″ E 133°03′47″：不入山 Ⅰ
高知県：四国山地西部
王在家

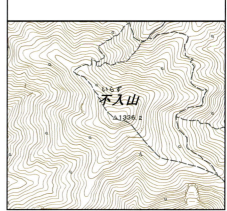

900 蟠蛇森 770m
ばんだがもり
N 33°26′28″ E 133°15′34″：万栄森 Ⅰ
高知県：四国山地西部
佐川
H26 三角点標高改訂

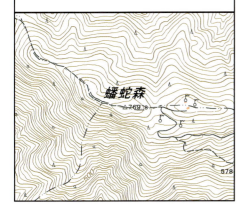

901 鈴が森 1054m
すずがもり
N 33°21′23″ E 133°03′04″：鈴ケ森 Ⅱ
高知県：四国山地西部
新田

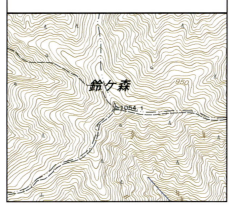

902 五在所ノ峯 658m
ございしょのみね
N 33°10′38″ E 133°09′03″：五在所森 Ⅰ
高知県：四国山地西部
窪川

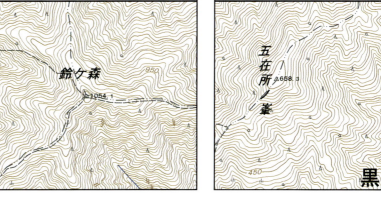

903 堂が森 857m
どうがもり
N 33°09′36″ E 132°52′36″：堂ケ森 Ⅱ
高知県：四国山地西部
大用

904 高月山 1229m
たかつきやま
N 33°12′31″ E 132°38′05″：高月 Ⅲ
愛媛県：四国山地西部
松丸

905 三本杭 1226m
さんぼんぐい
N 33°11′18″ E 132°38′07″：滑床山 Ⅰ
愛媛県：四国山地西部
松丸　三百名山

906 篠山 1065m	907 今ノ山 868m	908 足立山(霧ヶ岳) 598m
ささやま	いまのやま	あだちやま(きりがたけ)
N 33°03′21″ E 132°39′33″:篠山 Ⅱ	N 32°51′27″ E 132°51′01″:標高点	N 33°51′34″ E 130°55′02″:霧ケ岳 Ⅰ
愛媛県 高知県:四国山地西部	高知県:四国山地西部	福岡県:筑紫山地
楠山 三百名山	来栖野	小倉
	今之山Ⅰ (864.6m)	

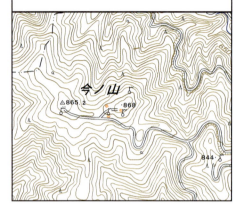

909 貫山 712m	910 福智山 901m	911 犬ヶ岳 1131m
ぬきさん	ふくちやま	いぬがたけ
N 33°46′50″ E 130°54′34″:貫山 Ⅱ	N 33°44′32″ E 130°48′14″:福智山 Ⅰ	N 33°30′44″ E 131°00′06″:犬ケ岳 Ⅲ
福岡県:筑紫山地	福岡県:筑紫山地	大分県 福岡県:筑紫山地
苅田	金田	下河内
		カメノオ

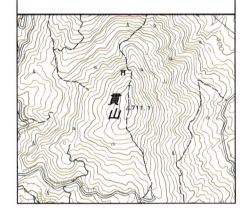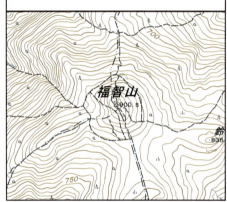

912 英彦山 1199m	913 馬見山 978m	914 犬鳴山(熊ヶ城) 584m
ひこさん	うまみやま	いぬなきやま(くまがしろ)
N 33°28′34″ E 130°55′34″:英彦山 Ⅰ	N 33°29′11″ E 130°46′04″:馬見山 Ⅰ	N 33°41′14″ E 130°32′57″:熊ケ城 Ⅲ
福岡県 大分県:筑紫山地	福岡県:筑紫山地	福岡県:筑紫山地
英彦山 二百名山	小石原	脇田
H 26 三角点標高改訂		いんなきやま

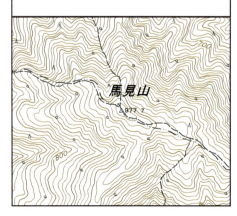

915 三郡山 936m	916 基山 404m	917 脊振山 1055m
さんぐんさん	きざん	せふりさん
N 33°33′20″ E 130°35′02″：三郡山 Ⅲ	N 33°26′34″ E 130°30′37″：防住山 Ⅰ	N 33°26′11″ E 130°22′07″：脊振山 Ⅱ
福岡県：筑紫山地	佐賀県：筑紫山地	福岡県 佐賀県：筑紫山地
太宰府	二日市	脊振山　三百名山

918 浮嶽 805m	919 天山 1046m	920 両子山 720m
うきだけ	てんざん	ふたごさん
N 33°28′12″ E 130°05′57″：浮岳 Ⅱ	N 33°20′20″ E 130°08′34″：天山 Ⅰ	N 33°34′59″ E 131°36′06″：両子山 Ⅰ
福岡県 佐賀県：筑紫山地	佐賀県：筑紫山地	大分県：国東半島
浜崎	古湯	両子山

921 鹿嵐山 758m	922 鶴見岳 1375m	923 由布岳（豊後富士） 1583m
かならせやま	つるみだけ	ゆふだけ（ぶんごふじ）
N 33°26′05″ E 131°15′10″：鹿嵐山 Ⅰ	N 33°17′12″ E 131°25′47″：鶴見岳 Ⅲ	N 33°16′56″ E 131°23′25″：油布山 Ⅰ
大分県：阿蘇・くじゅうとその周辺	大分県：阿蘇・くじゅうとその周辺	大分県：阿蘇・くじゅうとその周辺
下市	別府西部　三百名山　活火山	別府西部　二百名山　活火山
		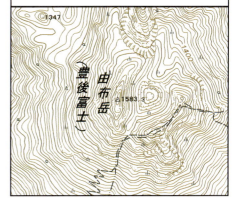

924 万年山　　　　1140m	925 涌蓋山　　　　1500m	926-1 くじゅう連山＜中岳＞　1791m
はねやま N 33° 13′ 53″　E 131° 07′ 50″：羽根山　Ⅰ 大分県：阿蘇・くじゅうとその周辺 豊後中村	わいたざん N 33° 08′ 24″　E 131° 09′ 52″：涌蓋山　Ⅱ 大分県：阿蘇・くじゅうとその周辺 湯坪　　三百名山	くじゅうれんざん＜なかだけ＞ N 33° 05′ 09″　E 131° 14′ 56″：標高点 大分県：阿蘇・くじゅうとその周辺 久住　　百名山　活火山 大分県最高峰

926-2 くじゅう連山＜黒岳＞　1587m	926-3 くじゅう連山＜大船山＞1786m	926-4 くじゅう連山＜三俣山＞1744m
くじゅうれんざん＜くろだけ＞ N 33° 06′ 20″　E 131° 17′ 34″：標高点 大分県：阿蘇・くじゅうとその周辺 大船山　　活火山	くじゅうれんざん＜たいせんざん＞ N 33° 05′ 42″　E 131° 16′ 50″：大船山　Ⅲ 大分県：阿蘇・くじゅうとその周辺 大船山　　三百名山　活火山	くじゅうれんざん＜みまたやま＞ N 33° 06′ 14″　E 131° 14′ 47″：三俣山　Ⅲ 大分県：阿蘇・くじゅうとその周辺 湯坪　　活火山 H 24 三角点改測

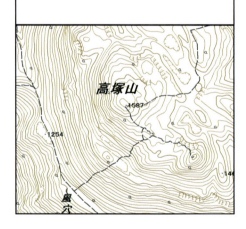

926-5 くじゅう連山＜星生山＞1762m	926-6 くじゅう連山＜久住山＞1787m	927-1 阿蘇山＜高岳＞　　1592m
くじゅうれんざん＜ほっしょうざん＞ N 33° 05′ 27″　E 131° 13′ 57″：標高点 大分県：阿蘇・くじゅうとその周辺 湯坪　　活火山	くじゅうれんざん＜くじゅうさん＞ N 33° 04′ 56″　E 131° 14′ 27″：久住山　Ⅰ 大分県：阿蘇・くじゅうとその周辺 久住山　　百名山　活火山	あそさん＜たかだけ＞ N 32° 53′ 04″　E 131° 06′ 14″：高岳　Ⅲ 熊本県：阿蘇・くじゅうとその周辺 阿蘇山　　百名山　活火山

929 **釈迦岳** 1231m しゃかだけ N 33°11′15″ E 130°53′21″：標高点 大分県：阿蘇・くじゅうとその周辺 豊後大野 釈迦ヶ岳Ⅰ（1229.5m）	930 **酒呑童子山** 1181m しゅてんどうじやま N 33°05′49″ E 130°54′30″：兵戸山 Ⅱ 大分県：阿蘇・くじゅうとその周辺 鯛生	931 **国見山** 1018m くにみやま N 33°06′20″ E 130°49′03″：国見山 Ⅲ 熊本県：阿蘇・くじゅうとその周辺 宮ノ尾

932 **筒ヶ岳** 501m つつがたけ N 32°59′05″ E 130°31′39″：小代山 Ⅰ 熊本県：阿蘇・くじゅうとその周辺 玉名	933 **金峰山** 665m きんぼうざん N 32°48′51″ E 130°38′20″：金峰山 Ⅲ 熊本県：阿蘇・くじゅうとその周辺 熊本	934 **黒髪山** 516m くろかみざん N 33°12′50″ E 129°54′08″：標高点 佐賀県：佐賀西部・長崎・島原 有田

935 **国見山** 776m くにみやま N 33°14′13″ E 129°48′46″：國見岳 Ⅰ 長崎県：佐賀西部・長崎・島原 蔵宿	936 **虚空蔵山** 609m こくぞうさん N 33°05′26″ E 129°55′17″：虚空蔵山 Ⅰ 長崎県：佐賀西部・長崎・島原 嬉野	937-1 **多良岳＜経ヶ岳＞** 1076m たらだけ＜きょうがだけ＞ N 32°59′15″ E 130°04′35″：京ノ岳 Ⅰ 佐賀県 長崎県：佐賀西部・長崎・島原 多良岳 佐賀県最高峰

937-2 多良岳 996m	937-3 多良岳＜五家原岳＞ 1057m	938-1 雲仙岳＜普賢岳＞ 1359m
たらだけ N 32°58′32″ E 130°05′34″：標高点 佐賀県：佐賀西部・長崎・島原 多良岳　　三百名山	たらだけ＜ごかはらだけ＞ N 32°57′29″ E 130°04′36″：仏ノ辻　Ⅲ 長崎県：佐賀西部・長崎・島原 多良岳	うんぜんだけ＜ふげんだけ＞ N 32°45′36″ E 130°17′32″：普賢岳　Ⅰ 長崎県：佐賀西部・長崎・島原 島原　　二百名山　活火山
		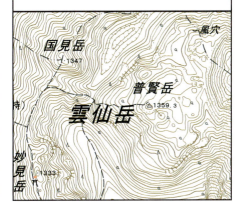

938-2 雲仙岳＜平成新山＞ 1483m	939 長浦岳 561m	940 八郎岳 590m
うんぜんだけ＜へいせいしんざん＞ N 32°45′41″ E 130°17′56″：標高点 長崎県：佐賀西部・長崎・島原 島原　　活火山 長崎県最高峰　山頂名追加はＨ８関係自治体からの申請による	ながうらだけ N 32°54′49″ E 129°44′41″：長浦村　Ⅰ 長崎県：佐賀西部・長崎・島原 神浦	はちろうだけ N 32°40′13″ E 129°51′23″：八郎岳　Ⅰ 長崎県：佐賀西部・長崎・島原 千々
	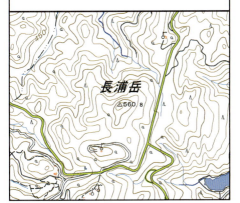	

941 御岳＜雄岳＞ 479m	942 白嶽 518m	943 有明山 558m
みたけ＜おだけ＞ N 34°34′19″ E 129°22′54″：標高点 長崎県：対馬 鹿見	しらたけ N 34°15′51″ E 129°14′59″：標高点 長崎県：対馬 阿連	ありあけやま N 34°12′16″ E 129°15′54″：有明山　Ⅰ 長崎県：対馬 厳原

944 矢立山 648m	945 山王山（雄嶽） 439m	946 父ヶ岳 460m
やたてやま	さんのうさん（おだけ）	ててがたけ
N 34°10′39″ E 129°13′34″：矢立山 Ⅲ	N 32°56′00″ E 129°03′11″：三王山 Ⅰ	N 32°41′54″ E 128°40′52″：父ケ岳 Ⅱ
長崎県：対馬	長崎県：五島列島	長崎県：五島列島
小茂田	有川	三井楽
H 28 三角点標高改訂		H 17 三角点改測

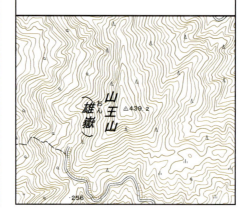

947 佩楯山 754m	948 傾山 1605m	949 大崩山 1644m
はいだてさん	かたむきやま	おおくえやま
N 32°57′11″ E 131°38′45″：佩立山 Ⅰ	N 32°50′20″ E 131°28′33″：測定点	N 32°44′16″ E 131°30′47″：測定点
大分県：九州山地	大分県：九州山地	宮崎県：九州山地
佩楯山	小原　　三百名山	祝子川　　二百名山
	H 16 現地計測による標高改訂	H 16 現地計測による標高改訂

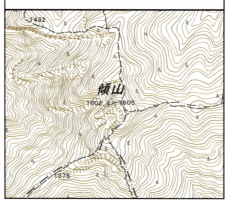

950 行縢山 830m	951 祖母山 1756m	952 古祖母山 1633m
むかばきやま	そぼさん	ふるそぼさん
N 32°37′33″ E 131°34′20″：行縢山 Ⅱ	N 32°49′41″ E 131°20′49″：祖母山 Ⅰ	N 32°48′10″ E 131°21′52″：古祖母山 Ⅲ
宮崎県：九州山地	大分県 宮崎県：九州山地	大分県 宮崎県：九州山地
行縢山	祖母山　　百名山	祖母山
	宮崎県最高峰	

1km

953 諸塚山 1342m	954 向坂山 1685m	955 国見岳 1739m
もろつかやま	むこうざかやま	くにみだけ
N 32°38′05″ E 131°17′15″：諸塚山 Ⅱ	N 32°34′47″ E 131°06′18″：向坂 Ⅲ	N 32°32′50″ E 131°01′06″：国見岳 Ⅰ
宮崎県：九州山地	熊本県 宮崎：九州山地	熊本県 宮崎：九州山地
諸塚山	国見岳	国見岳　三百名山
	H14 三角点改測	熊本県最高峰　大国見（おおくるみ）

956 上福根山 1646m	957 江代山（津野岳） 1607m	958 市房山 1721m
かみふくねやま	えしろやま（つのだけ）	いちふさやま
N 32°28′24″ E 130°56′49″：上福根 Ⅱ	N 32°22′14″ E 131°04′34″：都野岳 Ⅱ	N 32°18′42″ E 131°06′04″：市房山 Ⅰ
熊本県：九州山地	熊本県 宮崎県：九州山地	熊本県 宮崎県：九州山地
椎原	古屋敷	市房山　二百名山
H 26 三角点標高改訂		

959 石堂山 1547m	960 尾鈴山 1405m	961 仰烏帽子山 1302m
いしどうやま	おすずやま	のけえぼしやま
N 32°18′01″ E 131°10′04″：石堂山 Ⅱ	N 32°17′57″ E 131°25′36″：尾鈴山 Ⅰ	N 32°22′17″ E 130°46′40″：仰烏帽子 Ⅱ
宮崎県：九州山地	宮崎県：九州山地	熊本県：九州山地
石堂山	尾鈴山　二百名山	頭地
		のげぼしやま

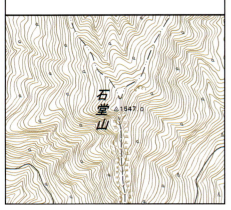

962 白髪岳 1417m	963 国見山 969m	964 矢筈岳 687m
しらがだけ	くにみやま	やはずだけ
N 32°09′01″ E 130°56′36″：白髪岳 Ⅰ	N 32°11′16″ E 130°36′51″：国見山 Ⅰ	N 32°07′22″ E 130°24′02″：矢筈岳 Ⅰ
熊本県：九州山地	熊本県：九州山地	熊本県 鹿児島県：九州山地
白髪岳	大関山	湯出

 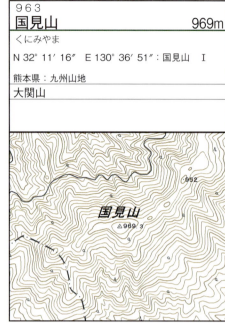 

965 紫尾山（上宮山） 1067m	966 鰐塚山 1118m	967-1 霧島山＜韓国岳＞ 1700m
しびさん（じょうぐさん）	わにつかやま	きりしまやま＜からくにだけ＞
N 31°58′51″ E 130°22′03″：標高点 Ⅱ	N 31°46′08″ E 131°16′10″：鰐ノ塚 Ⅰ	N 31°56′03″ E 130°51′42″：西霧島山 Ⅰ
鹿児島県：九州山地	宮崎県：九州南部	宮崎県 鹿児島県：九州南部
紫尾山	築地原	韓国岳　百名山　活火山

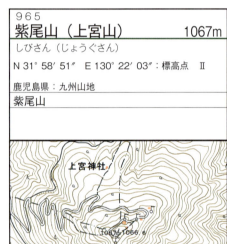 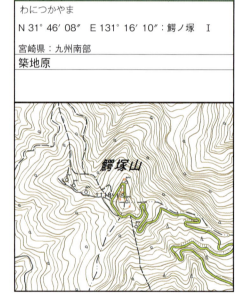 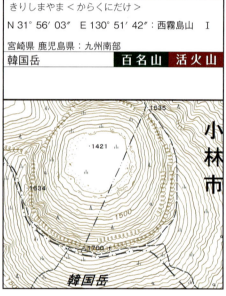

967-2 霧島山＜新燃岳＞ 1421m	967-3 霧島山＜高千穂峰＞ 1574m	968-1 高隈山＜大箆柄岳＞ 1236m
きりしまやま＜しんもえだけ＞	きりしまやま＜たかちほのみね＞	たかくまやま＜おおのがらだけ＞
N 31°54′34″ E 130°53′11″：新燃 Ⅲ	N 31°53′11″ E 130°55′08″：高千穂峰 Ⅱ	N 31°29′10″ E 130°49′07″：大箆柄 Ⅲ
宮崎県 鹿児島県：九州南部	宮崎県：九州南部	鹿児島県：九州南部
高千穂峰　活火山	高千穂峰　二百名山　活火山	上祓川　三百名山
	H 26 三角点標高改訂	

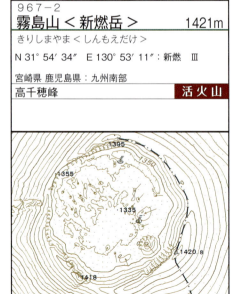 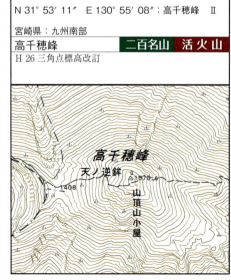 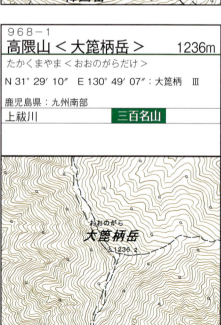

968-2 高隈山＜御岳＞ 1182m	969 甫与志岳 967m	970 稲尾岳 930m
たかくまやま＜おんたけ＞	ほよしだけ	いなおだけ
N 31°27′37″ E 130°49′14″：高隈山　Ⅰ	N 31°15′51″ E 130°59′24″：甫与志岳　Ⅰ	N 31°07′24″ E 130°53′05″：標高点
鹿児島県：九州南部	鹿児島県：九州南部	鹿児島県：九州南部
上祓川	上名	稲尾岳

971 御岳（北岳） 1117m	972 八重山 677m	973 冠岳（西岳） 516m
おんたけ（きただけ）	やえやま	かんむりだけ（にしだけ）
N 31°35′33″ E 130°39′24″：標高点	N 31°44′04″ E 130°26′54″：八重山　Ⅰ	N 31°44′55″ E 130°19′52″：西岳　Ⅱ
鹿児島県：九州南部（桜島）	鹿児島県：九州南部	鹿児島県：九州南部
桜島北部　二百名山　活火山	薩摩郡山	串木野

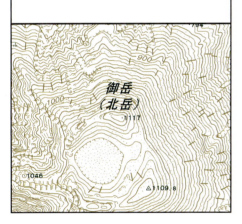 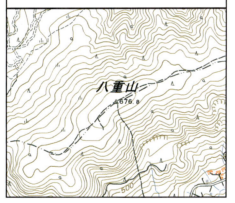

974 熊ヶ岳 590m	975 金峯山 636m	976 野間岳 591m
くまがたけ	きんぽうざん	のまだけ
N 31°27′19″ E 130°27′50″：清水　Ⅲ	N 31°28′04″ E 130°22′59″：金峰山　Ⅱ	N 31°24′16″ E 130°09′30″：野間岳　Ⅰ
鹿児島県：九州南部	鹿児島県：九州南部	鹿児島県：九州南部
神殿	神殿	野間岳

 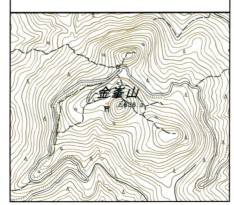

977 開聞岳 924m
かいもんだけ
N 31°10′48″ E 130°31′42″：測定点
鹿児島県：九州南部
開聞岳　　　　　　百名山　活火山
開聞岳Ⅱ（922.2m）

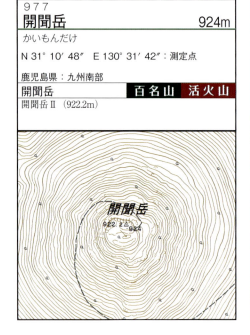

978 倉岳 682m
くらだけ
N 32°25′40″ E 130°19′37″：倉ケ嶽　Ⅰ
熊本県：天草諸島
大島子

979 角山 526m
かどやま
N 32°23′58″ E 130°05′38″：角岳　Ⅰ
熊本県：天草諸島
鬼海ヶ浦

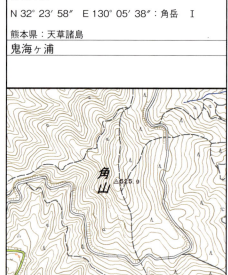

980 尾岳 604m
おたけ
N 31°43′23″ E 129°44′22″：下甑島　Ⅰ
鹿児島県：甑島列島
青瀬

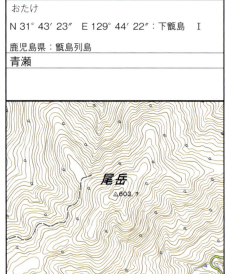

981 天女ヶ倉 238m
あまめがくら
N 30°44′37″ E 131°03′12″：鼻指　Ⅱ
鹿児島県：大隅諸島（種子島）
安納

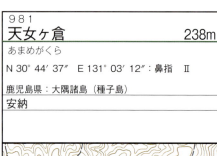
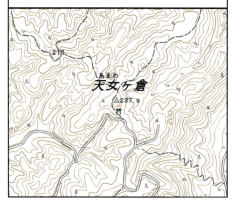

982 硫黄岳 704m
いおうだけ
N 30°47′35″ E 130°18′19″：硫黄島　Ⅰ
鹿児島県：大隅諸島（薩摩硫黄島）
薩摩硫黄島　　　　　活火山

983 櫓岳 622m
やぐらだけ
N 30°49′42″ E 129°56′15″：黒島　Ⅰ
鹿児島県：大隅諸島（黒島）
薩摩黒島

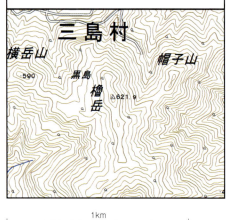

984 古岳 657m
ふるだけ
N 30°26′36″ E 130°13′02″：標高点
鹿児島県：大隅諸島（口永良部島）
口永良部島　　　　　活火山

985 宮之浦岳 1936m
みやのうらだけ
N 30°20′10″ E 130°30′15″：測定点
鹿児島県：大隅諸島（屋久島）
宮之浦岳　　　　　百名山
鹿児島県最高峰　宮之浦岳Ⅰ（1935.0m）

986 永田岳	1886m
ながただけ	
N 30° 20′ 34″ E 130° 29′ 33″：標高点	
鹿児島県：大隅諸島（屋久島）	
永田岳	

987 モッチョム岳	940m
もっちょむだけ	
N 30° 15′ 24″ E 130° 33′ 51″：標高点	
鹿児島県：大隅諸島（屋久島）	
尾之間	
本冨岳（もっちょむだけ）	

988 前岳	628m
まえだけ	
N 29° 58′ 05″ E 129° 55′ 32″：口之島 Ⅰ	
鹿児島県：吐噶喇列島（口之島）	
口之島	活火山

989 御岳	979m
おんたけ	
N 29° 51′ 33″ E 129° 51′ 25″：中之島Ⅱ Ⅰ	
鹿児島県：吐噶喇列島（中之島）	
中之島	活火山

990 御岳	497m
おたけ	
N 29° 54′ 11″ E 129° 32′ 30″：臥蛇島 Ⅰ	
鹿児島県：吐噶喇列島（臥蛇島）	
臥蛇島	

991 御岳	796m
おたけ	
N 29° 38′ 18″ E 129° 42′ 50″：標高点	
鹿児島県：吐噶喇列島（諏訪之瀬島）	
諏訪之瀬島	活火山
H20 地形図更新に伴う標高改訂	

992 御岳	584m
みたけ	
N 29° 27′ 54″ E 129° 35′ 41″：悪石島 Ⅰ	
鹿児島県：吐噶喇列島（悪石島）	
悪石島	

993 イマキラ岳	292m
いまきらだけ	
N 29° 08′ 40″ E 129° 12′ 29″：宝島 Ⅰ	
鹿児島県：吐噶喇列島（宝島）	
宝島	

994 ［横当島］	495m
［よこあてじま］	
N 28° 48′ 03″ E 128° 59′ 41″：横当島 Ⅰ	
鹿児島県：吐噶喇列島（横当島）	
横当島	
（注）地形図に山名の記載なし	

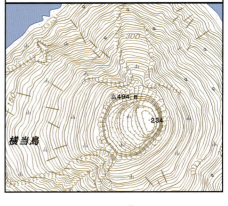

995 湯湾岳 694m	996 井之川岳 645m	997 大山 240m
ゆわんだけ	いのかわだけ	おおやま
N 28° 17′ 46″　E 129° 19′ 16″：湯湾岳 Ⅰ	N 27° 46′ 43″　E 128° 58′ 59″：井之川岳 Ⅰ	N 27° 22′ 09″　E 128° 34′ 00″：沖永良部島 Ⅰ
鹿児島県：奄美群島（奄美大島）	鹿児島県：奄美群島（徳之島）	鹿児島県：奄美群島（沖永良部島）
湯湾	平土野	沖永良部島西部

998 与那覇岳 503m	999 八重岳 453m	1000 恩納岳 363m
よなはだけ	やえだけ	おんなだけ
N 26° 43′ 01″　E 128° 13′ 07″：標高点	N 26° 38′ 08″　E 127° 55′ 42″：八重岳 Ⅰ	N 26° 28′ 46″　E 127° 52′ 29″：恩納岳 Ⅱ
沖縄県：沖縄島	沖縄県：沖縄島	沖縄県：沖縄島
辺土名	名護	金武
与那覇岳Ⅰ（498.0m）	H 19 三角点標高改訂	

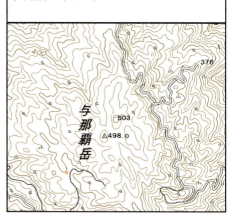 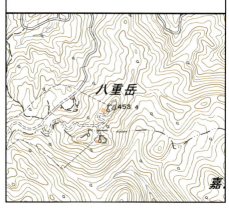

1001 於茂登岳 526m	1002 古見岳 469m	1003 宇良部岳 231m
おもとだけ	こみだけ	うらぶだけ
N 24° 25′ 38″　E 124° 11′ 00″：測定点	N 24° 21′ 33″　E 123° 53′ 28″：高那岳 Ⅲ	N 24° 27′ 10″　E 123° 00′ 20″：宇良部岳 Ⅲ
沖縄県：八重山列島（石垣島）	沖縄県：八重山列島（西表島）	沖縄県：八重山列島（与那国島）
川平	美原	与那国島
沖縄県最高峰		

1km

標高2500m以上の山

　2万5千分1地形図に山名が記載されている2500m以上の山を一覧にした。記載は標高の高い順とし、索引番号は順位を兼ねている。一つの山の中で最高峰以外の、いわば付属の山については、標高順位に関係なく、最高峰の山に続けて表示した。

索引番号	山名＜山頂＞	読み	標高m
1	富士山＜剣ヶ峯＞	ふじさん＜けんがみね＞	3776
	＜白山岳＞	はくさんだけ	3756
	＜宝永山＞	ほうえいざん	2693
2	北岳	きただけ	3193
3	奥穂高岳	おくほたかだけ	3190
3	間ノ岳	あいのだけ	3190
	＜三峰岳＞	みぶだけ	2999
	＜中白根山＞	なかしらねさん	3055
5	槍ヶ岳	やりがたけ	3180
6	東岳（悪沢岳）	ひがしだけ＜わるさわだけ＞	3141
	＜千枚岳＞	せんまいだけ	2880
	＜マンノー沢頭＞	まんのうさわのあたま	2515
7	赤石岳	あかいしだけ	3121
	＜小赤石岳＞	こあかいしだけ	3081
8	涸沢岳	からさわだけ	3110
	＜蒲田富士＞	がまたふじ	2742
9	北穂高岳	きたほたかだけ	3106
10	大喰岳	おおばみだけ	3101
11	前穂高岳	まえほたかだけ	3090
	＜明神岳＞	みょうじんだけ	2931
12	中岳	なかだけ	3084
13	荒川岳＜中岳＞	あらかわだけ＜なかだけ＞	3084
	荒川岳＜前岳＞	あらかわだけ＜まえだけ＞	3068
14	御嶽山＜剣ヶ峰＞	おんたけ＜けんがみね＞	3067
	＜摩利支天山＞	まりしてんやま	2959
	＜継母岳＞	ままははだけ	2867
	＜継子岳＞	ままこだけ	2859
15	農鳥岳＜西農鳥岳＞	のうとりだけ＜にしのうとりだけ＞	3051
	農鳥岳	のうとりだけ	3026
16	塩見岳	しおみだけ	3047
	塩見岳＜権右衛門山＞	しおみだけ＜ごんえもんやま＞	2682
17	仙丈ヶ岳	せんじょうがたけ	3033
	＜大仙丈ヶ岳＞	だいせんじょうがたけ	2975
	＜小仙丈ヶ岳＞	こせんじょうがたけ	2864
	＜馬ノ背＞	うまのせ	2736
18	南岳	みなみだけ	3033

索引番号	山名＜山頂＞	読み	標高m
19	乗鞍岳＜剣ヶ峰＞	のりくらだけ＜けんがみね＞	3026
	＜大日岳＞	だいにちだけ	3014
	＜朝日＞	あさひだけ	2975
	＜屏風岳＞	びょうぶだけ	2968
	＜摩利支天岳＞	まりしてんだけ	2872
	＜恵比寿岳＞	えびすだけ	2831
	＜高天ケ原＞	たかまがはら	2829
	＜里見岳＞	さとみだけ	2824
	＜富士見岳＞	ふじみだけ	2817
	＜大黒岳＞	だいこくだけ	2772
	＜四ツ岳＞	よつだけ	2751
	＜大丹生岳＞	おおにゅうだけ	2698
	＜烏帽子岳＞	えぼしだけ	2692
	＜猫岳＞	ねこだけ	2581
	＜硫黄岳＞	いおうだけ	2554
	＜大崩山＞	おおくずれやま	2523
20	立山　＜大汝山＞	たてやま＜おおなんじやま＞	3015
	＜雄山＞	おやま	3003
	＜富士ノ折立＞	ふじのおりたて	2999
21	聖岳　＜前聖岳＞	ひじりだけ＜まえひじりだけ＞	3013
	＜奥聖岳＞	おくひじりだけ	2982
	＜白蓬ノ頭＞	しろよもぎのあたま	2632
22	剱岳	つるぎだけ	2999
	＜前剱＞	まえつるぎ	2813
23	水晶岳（黒岳）	すいしょうだけ（くろだけ）	2986
24	駒ヶ岳	こまがたけ	2967
25	駒ヶ岳	こまがたけ	2956
	＜宝剣岳＞	ほうけんだけ	2931
	＜中岳＞	なかだけ	2925
	＜伊那前岳＞	いなまえだけ	2911
	＜木曽前岳＞	きそまえだけ	2826
	＜麦草岳＞	むぎくさだけ	2733
26	白馬岳	しろうまだけ	2932
27	薬師岳	やくしだけ	2926
	＜北薬師岳＞	きたやくしだけ	2900
	＜間山＞	まやま	2585

索引番号	山名＜山頂＞	読み	標高 m
２８	野口五郎岳	のぐちごろうだけ	2924
	＜真砂岳＞	まさごだけ	2862
２９	鷲羽岳	わしばだけ	2924
	＜わりも岳＞	わりもだけ	2888
３０	大天井岳	だいてんじょうだけ	2922
	＜牛首山＞	うしくびやま	2553
３１	西穂高岳	にしほたかだけ	2909
	＜間ノ岳＞	あいのだけ	2907
３２	鑓ヶ岳	やりがたけ	2903
３３	赤岳	あかだけ	2899
３４	笠ヶ岳	かさがたけ	2898
	＜緑ノ笠＞	みどりのかさ	2654
３５	広河内岳	ひろごうちだけ	2895
３６	鹿島槍ヶ岳	かしまやりがたけ	2889
	＜布引山＞	ぬのびきやま	2683
	＜牛首山＞	うしくびやま	2553
３７	別山	べっさん	2880
３８	龍王岳	りゅうおうだけ	2872
	＜浄土山＞	じょうどさん	2831
	＜鬼岳＞	おにだけ	2750
	＜獅子岳＞	ししだけ	2714
３９	旭岳	あさひだけ	2867
４０	蝙蝠岳	こうもりだけ	2865
４１	空木岳	うつぎだけ	2864
４２	赤牛岳	あかうしだけ	2864
４３	真砂岳	まさごだけ	2861
４４	双六岳	すごろくだけ	2860
	＜双六南峰＞	すごろくなんぼう	2819
４５	常念岳	じょうねんだけ	2857
	＜前常念岳＞	まえじょうねんだけ	2662
４６	三沢岳	さんのさわだけ	2847
４７	三ッ岳	みつだけ	2845
４８	三俣蓮華岳	みつまたれんげだけ	2841
４９	南駒ヶ岳	みなみこまがたけ	2841
	＜赤梛岳＞	あかなぎだけ	2798
５０	観音ヶ岳	かんのんがだけ	2841
５１	黒部五郎岳（中ノ俣岳）	くろべごろうだけ（なかのまただけ）	2840
５２	横岳	よこだけ	2829
５３	祖父岳	じいだけ	2825

索引番号	山名＜山頂＞	読み	標高 m
５４	針ノ木岳	はりのきだけ	2821
５５	大沢岳	おおさわだけ	2820
５６	兎岳	うさぎだけ	2818
５７	五龍岳	ごりゅうだけ	2814
	＜白岳＞	しらだけ	2541
５８	東天井岳	ひがしてんじょうだけ	2814
５９	抜戸岳	ぬけどだけ	2813
６０	杓子岳	しゃくしだけ	2812
６１	中盛丸山	なかもりまるやま	2807
６２	阿弥陀岳	あみだだけ	2805
６３	上河内岳	かみこうちだけ	2803
６４	小河内岳	こごうちだけ	2802
６５	アサヨ峰	あさよみね	2799
	＜栗沢山＞	くりさわやま	2714
６６	蓮華岳	れんげだけ	2799
６７	薬師ヶ岳	やくしがだけ	2780
６８	高嶺	たかみね	2779
６９	熊沢岳	くまざわだけ	2778
７０	劔御前	つるぎごぜん	2777
７１	小蓮華山	これんげさん	2766
７２	赤岩岳	あかいわだけ	2769
７３	横通岳	よことおしだけ	2767
７４	大籠岳	おおかごだけ	2767
７５	地蔵ヶ岳	じぞうがたけ	2764
７６	燕岳	つばくろだけ	2763
７７	硫黄岳	いおうだけ	2760
７８	西岳	にしだけ	2758
７９	樅沢岳	もみさわだけ	2755
８０	スバリ岳	すばりだけ	2752
８１	駒津峰	こまつみね	2752
８２	仙涯嶺	せんがいれい	2734
８３	笹山	ささやま	2733
８４	将棊頭山	しょうぎがしらやま	2730
	＜茶臼山＞	ちゃうすやま	2658
８５	檜尾岳	ひのきおだけ	2728
８６	烏帽子岳	えぼしだけ	2726
８７	小太郎山	こたろうやま	2725
８８	権現岳	ごんげんだけ	2715
	＜三ツ頭＞	みつがしら	2580

索引番号	山名＜山頂＞	読み	標高 m
８９	南真砂岳	みなみまさごだけ	2713
９０	白山　　＜御前峰＞	はくさん＜ごぜんがみね＞）	2702
	＜大汝峰＞	おおなんじがみね	2684
	＜剣ケ峰＞	けんがみね	2677
９１	北荒川岳	きたあらかわだけ	2698
９２	唐松岳	からまつだけ	2696
	＜不帰嶮＞	かえらずのけん	2614
９３	安倍荒倉岳	あべあらくらだけ	2693
９４	鋸山	のこぎりやま	2685
	＜烏帽子岳＞	えぼしがたけ	2594
	＜三ツ頭＞	みつがしら	2589
	＜編笠山＞	あみがさやま	2514
９５	赤沢岳	あかざわだけ	2678
９６	蝶ヶ岳	ちょうがたけ	2677
	＜長塀山＞	ながかべやま	2582
９７	東川岳	ひがしかわだけ	2671
９９	爺ヶ岳	じいがたけ	2670
９８	赤沢山	あかさわやま	2670
１００	新蛇抜山	しんじゃぬけやま	2667
１０１	北ノ俣岳（上ノ岳）	きたのまただけ（かみのだけ）	2662
	＜赤木岳＞	あかぎだけ	2622
１０２	本谷山	ほんたにやま	2658
１０３	双児山	ふたごやま	2649
１０４	餓鬼岳	がきだけ	2647
	＜餓鬼のコブ＞	がきのこぶ	2508
１０５	板屋岳	いたやだけ	2646
１０６	天狗岳	てんぐだけ	2646
	＜根石岳＞	ねいしだけ	2603
１０７	霞沢岳	かすみざわだけ	2646
１０８	鳴沢岳	なるさわだけ	2641
１０９	唐沢岳	からさわだけ	2633
１１０	岩小屋沢岳	いわごやざわだけ	2630
１１１	笊ヶ岳	ざるがたけ	2629
１１２	烏帽子岳	えぼしだけ	2628
１１３	南沢岳	みなみさわだけ	2626
１１４	国見岳	くにみだけ	2621
	＜天狗山＞	てんぐやま	2521
１１５	鷲岳	わしだけ	2617
１１６	鳶山	とんびやま	2616

索引番号	山名＜山頂＞	読み	標高 m
１１７	大滝山	おおたきやま	2616
１１８	越百山	こすもやま	2614
１１９	雪倉岳	ゆきくらだけ	2611
１２０	奥大日岳	おくだいにちだけ	2611
１２１	茶臼岳	ちゃうすだけ	2604
１２２	清水岳	しょうずだけ	2603
１２３	不動岳	ふどうだけ	2601
１２４	北奥千丈岳	きたおくせんじょうだけ	2601
１２５	徳右衛門岳	とくえもんだけ	2599
１２６	金峰山	きんぷさん	2599
	＜鉄山＞	てつさん	2531
１２７	弓折岳	ゆみおりだけ	2592
１２８	国師ヶ岳	こくしがたけ	2592
１２９	越中沢岳	えっちゅうざわだけ	2592
１３０	光岳	てかりだけ	2592
	＜イザルガ岳＞	いざるがたけ	2540
１３１	辻山	つじやま	2585
１３２	布引山	ぬのびきやま	2584
１３３	朝日岳	あさひだけ	2579
１３４	白根山	しらねさん	2578
１３５	大日影山	おおひかげやま	2573
１３６	浅間山	あさまやま	2568
	＜前掛山＞	まえかけさん	2524
１３７	峰の松目	みねのまつめ	2568
１３８	鉢ヶ岳	はちがたけ	2563
１３９	大唐松山	おおからまつやま	2561
１４０	七倉山	ななくらやま	2557
	＜四塚山＞	よつづかやま	2530
１４１	池平山	いけのだいらやま	2561
１４２	硫黄岳	いおうだけ	2554
１４３	北葛岳	きたくずだけ	2551
１４４	黒檜山	くろべいやま	2541
１４５	蓼科山	たてしなやま	2531
１４６	十石山	じゅっこくやま	2525
１４７	仁田岳	にっただけ	2524
１４８	編笠山	あみがさやま	2524
１４９	伊那荒倉岳	いなあらくらだけ	2519
１５０	小日影山	こひかげやま	2506
１５１	大日岳	だいにちだけ	2501

都道府県最高地点

行政コード 都道府県	山名 ＜山頂名＞	読み	標高 m	2万5千分1地形図名ほか
01 北海道	大雪山 ＜旭岳＞	たいせつざん ＜あさひだけ＞	2291	旭岳
02 青森県	岩木山	いわきさん	1625	岩木山
03 岩手県	岩手山	いわてさん	2038	大更
04 宮城県	蔵王山 ＜屏風岳＞	ざおうざん ＜びょうぶだけ＞	1825	蔵王山
05 秋田県	鳥海山	ちょかいざん	1757	鳥海山の東側山腹
06 山形県	鳥海山 ＜新山＞	ちょうかいざん ＜しんざん＞	2236	鳥海山
07 福島県	燧ヶ岳 ＜柴安嵓＞	ひうちがたけ＜しばやすぐら＞	2356	燧ヶ岳
08 茨城県	八溝山	やみぞさん	1022	八溝山
09 栃木県	白根山（日光白根山）	しらねさん（にっこうしらねさん）	2578	男体山
10 群馬県	白根山（日光白根山）	しらねさん（にっこうしらねさん）	2578	男体山
11 埼玉県	三宝山	さんぽうやま	2483	金峰山
12 千葉県	愛宕山	あたごやま	408	金束
13 東京都	雲取山	くもとりやま	2017	雲取山
14 神奈川県	丹沢山 ＜蛭ケ岳＞	たんざわさん ＜ひるがたけ＞	1673	大山
15 新潟県	小蓮華山	これんげさん	2766	白馬岳
16 富山県	立山 ＜大汝山＞	たてやま ＜おおなんじやま＞	3015	立山
17 石川県	白山 ＜御前峰＞	はくさん ＜ごぜんがみね＞	2702	白山
18 福井県	三ノ峰	さんのみね	1962	二ノ峰 三ノ峰主峰（岐阜県・石川県）の南側
19 山梨県	富士山 ＜剣ヶ峯＞	ふじさん ＜けんがみね＞	3776	富士山
20 長野県	奥穂高岳	おくほたかだけ	3190	穂高岳
21 岐阜県	奥穂高岳	おくほたかだけ	3190	穂高岳
22 静岡県	富士山 ＜剣ヶ峯＞	ふじさん ＜けんがみね＞	3776	富士山
23 愛知県	茶臼山	ちゃうすやま	1416	茶臼山
24 三重県	大台ヶ原山 ＜日出ヶ岳＞	おおだいがはらざん＜ひのでがたけ＞	1695	大台ヶ原山
25 滋賀県	伊吹山	いぶきやま	1377	関ヶ原
26 京都府	皆子山	みなこやま	971	花脊
27 大阪府	金剛山	こんごうさん	1056	五條 金剛山主峰の東南
28 兵庫県	氷ノ山（須賀ノ山）	ひょうのせん（すがのせん）	1510	氷ノ山
29 奈良県	八経ヶ岳	はっきょうがだけ	1915	弥山
30 和歌山県	龍神岳	りゅうじんだけ	1382	護摩壇山 平成21年関係自治体申請による 山名追加
31 鳥取県	大山 ＜剣ヶ峰＞	だいせん ＜けんがみね＞	1729	伯耆大山
32 島根県	恐羅漢山	おそらかんざん	1346	三段峡
33 岡山県	後山	うしろやま	1344	西河内
34 広島県	恐羅漢山	おそらかんざん	1346	三段峡
35 山口県	寂地山	じゃくちさん	1337	安芸冠山
36 徳島県	剣山	つるぎさん	1955	剣山
37 香川県	竜王山	りゅうおうざん	1060	讃岐塩江
38 愛媛県	石鎚山 ＜天狗岳＞	いしづちさん ＜てんぐだけ＞	1982	石鎚山
39 高知県	三嶺	みうね	1894	京上
40 福岡県	釈迦岳	しゃかだけ	1230	豊後大野 釈迦岳（1231 m、大分県）の南西
41 佐賀県	多良岳 ＜経ヶ岳＞	たらだけ ＜きょうがだけ＞	1076	多良岳
42 長崎県	雲仙岳 ＜平成新山＞	うんぜんだけ ＜へいせいしんざん＞	1483	島原
43 熊本県	国見岳	くにみだけ	1739	国見岳
44 大分県	くじゅう連山 ＜中岳＞	くじゅうれんざん ＜なかだけ＞	1791	久住
45 宮崎県	祖母山	そぼさん	1756	祖母山
46 鹿児島県	宮之浦岳	みやのうらだけ	1936	宮之浦岳
47 沖縄県	於茂登岳	おもとだけ	526	川平

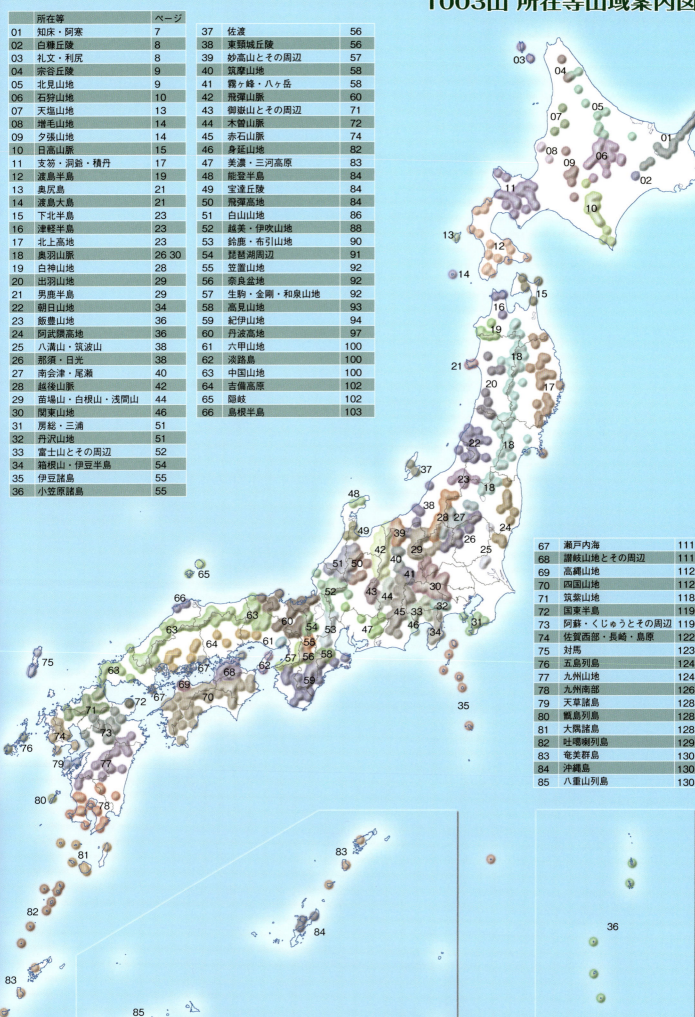

１００３山 所在一覧図

▲57

▲95
▲96
▲85
▲84
◎札幌市
▲86
▲87 ▲88
▲97 ▲98 ▲99
▲89
▲90
▲100
▲91
▲106
▲101
▲92
▲103 ▲102
▲93
▲108 ▲107
▲94
▲105 ▲104

▲109
▲110
▲121
▲111 ▲112
▲113
▲116
▲117 ▲114
▲115
▲118
▲119
▲120
▲122
▲123
▲125
▲124
▲128 ▲127
▲126

▲129 ◎青森市
▲166
151-1 ▲▲151-2
▲152
▲168 ▲167
▲154 ▲153
▲169 ▲170 ▲171
▲131 ▲130
▲155
▲132
▲156
▲157
▲172
▲158
▲133 ▲134
▲159 160 161-1
161-3 ▲▲161-2
▲135
▲182 ▲181
▲162 ▲163 ▲136
▲173 ▲174
▲164
▲165
盛岡市
▲137
秋田市
139 ▲138 ▲140
▲184 ▲183
▲141
▲142
▲175
▲185
▲144
▲176
▲186
▲146 ▲145
▲187
▲147
▲177
▲148
▲178 ▲179
▲180
▲189 ▲188
▲149
▲192 ▲190
▲193 ▲191
▲213
▲194 ▲195
▲214 ▲215
▲218
▲198
▲219
▲216 ▲217
▲199
▲196
▲224
▲200
▲201
▲220
山形市
▲221
◎
▲203
▲197
▲223
▲222 ▲225
202 ◎仙台市
▲150
▲390
204-1
▲391
204-3 204-2
204-2
205
▲204
226
204-4
▲230 227
▲206
▲392
231 228
233
229
208-1 208-3 ▲207 ▲234
232
208-2 209-2
209-1 209-3 ◎福島市
210
212 211-2 211-1
▲235
▲279
▲236
▲280 ▲278
▲617
▲281
▲618
▲282 ▲262 ▲237
▲263
▲393
▲283 ▲239

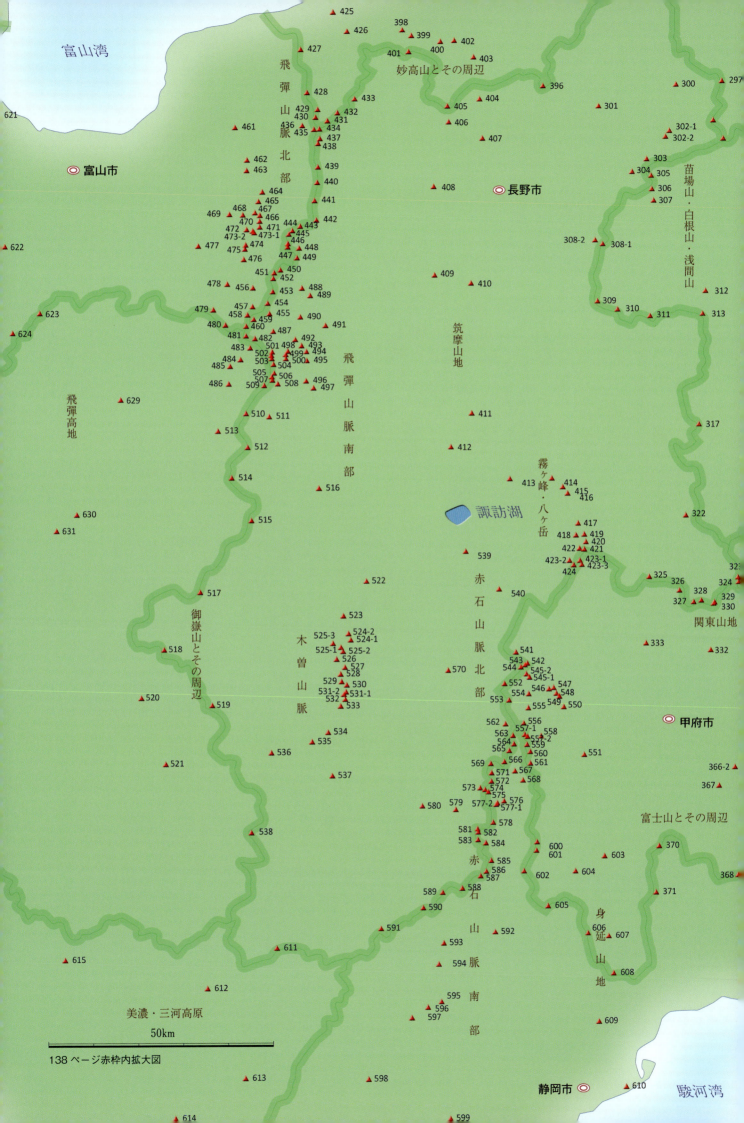

点の記

基準点コード：TR25338053803

二等三角点の記

基準点コード		TR25338053803

ふりがな 点　名	ふじさん 富士山	1/20万図名 甲府	1/5万図名 富士山	三角測量原簿(部号) 改II 第 7 部
冠字選点番号	正 第 2 号	設置区分	地上(保護石 4 個) 上面舗装	
標識番号	標石第 -- 号	柱石長	0.81 m	
所在地	静岡県 / 山梨県		地目	境内地
所有者	静岡県富士宮市宮町1番地1 / 浅間神社			
選点	大正15年 7月 25日	選点者	川名 八藏	
設置	昭和37年 9月 -- 日	設置者	川島 英雄	
観測	平成23年 8月 2日	観測者	寺奥 俊文	
自動車到達地点	富士山スカイラインを経て富士宮ルート五合目登山口			
歩道状況	登山道			
徒歩時間(距離)	約 260分 (約 5000m)			
三角点周囲の状況	富士山山頂、剣ヶ峰			
履歴 (1)	平成23年 8月 2日 改測　　旧観測 昭和60年 7月 22日			
履歴 (2)	----			
備考	平成23年 8月 2日 改 測 GNSS測量	アンテナ高 m 本 点 1.288		
	昭和49年8月 一次基準点測量／平成23年8月 高度地域基準点測量(第6058部)／ICタグあり			

要　図　縮尺：1/50,000

至 富士宮

剣ヶ峰 / やぐら / 測候所 / 説明板 / 噴火口 / 1.6m / 5.6m / 1.0m

至 富士宮ルート五合目 (自動車)

平成 23年 9月 9日 調製　　国土地理院

基準点コード：TR35437744901

三 等 三 角 点 の 記

				基準点コード	5437-74-4901
ふりがな	つるぎだけ	1/20万図名	1/5万図名	三角測量原簿（部号）	
点　名	劔岳	高山	立山	第537部	
冠字選点番号	景　第27号	設置区分	地上（保護石０個）		
標識番号	標石第―――号	柱石長	０．７９ｍ		
所在地	富山県中新川郡立山町芦峅寺　ブナ坂外１１国有林１２４イ林小班				
				地目	山林
所有者	農林水産省				
	（管理者）富山森林管理署				
選　点	明治40年　7月13日	選点者	柴崎　芳太郎		
設　置	平成16年　8月24日	設置者	伊藤　純一		
観　測	平成16年　8月25日	観測者	山中　雅之		
自動車到達地点	室堂ターミナル				
歩道状況	登山道				
徒歩時間（距離）	8時間（約7km）：劔沢小屋より約4時間30分（約3km）				
三角点周囲の状況	劔岳山頂				
履歴（1）	――――――				
履歴（2）	――――――				

備　考	平成16年　8月24日　新設　GPS測量	アンテナ高		
	立山有料道路（立山駅～室堂ターミナル）は一般車両通行不可	☑本点	m 1.408	
		□偏心点		

要図　1/5万

N
至　馬場島
至　真砂沢ロッジ
至　室堂ターミナル

プレート
「北方稜線この先キケン」
プレート
「キケン通行止め」
1.7m
2.9m
11.6m
標高最高地点・祠
至　劔沢小屋

平成16年9月7日　調製　国土地理院

この写は原本と相違ないことを証明する
28. 6. 14

一等三角點ノ記

135

點ノ名稱
立山

國名
越中

點ノ屬スル鎖或ハ網

「点の記」は、三角点の名称、所在地、設置年月日、観測者、そこに至る順路と略図等を記載した三角点の台帳である。設置された時代の様子を知る貴重な資料でもある。これをタイトルにした作品に、新田次郎の『劔岳 点の記』がある。国土地理院の「基準点成果等閲覧サービス」を通して閲覧、謄本交付申請が可能である。

「日本の山岳標高一覧－１００３山－」から

　国土地理院が平成３年に初版を作成し（日本地図センターより複製頒布）、平成１４年に判型をかえて改訂版を刊行した技術資料「日本の山岳標高一覧－１００３山－」からテキスト部分を再録する（目次等は省略）。両者は基本的に同じ内容である。表現に違いがある場合は、平成３年の初版に従った。

まえがき

　わが国には山が多い。個々の山は，地域に特有な風土の一要素となり，また，生活，生産，文化，登山，信仰などの多くの面で地域住民のみならず，広汎な人々とつながりを持つ場合が多い。山と人々とのこのような関係から，日本の山についてその正確な高さなどを知りたいという要望が強くなってきている。

　国土地理院は，多数の地図を刊行してきているが，これらの地図のみによるのでは，必ずしも正しい山の高さが読み取れるとは限らず，山については十分な情報を提供してきたとは言い難い面もあった。また，ほかには地形図を補完する充分な情報もないのが実状である。このことについて，近年地図利用者からの不満・苦情も寄せられている。

　このような背景を踏まえて，国土地理院では，全国的に著名な山を始めとして，登山やハイキングの対象となる山，信仰に関係する山，歴史的事件に関係する山，施設や遺跡のある山，詩や歌・小説などにとりあげられている山，姿・形の美しい山，高い山，険しい山，目標となる山，山脈・山地・丘陵の代表的な山などを対象として，可能な限り正しい山の高さを調査した。その結果は，遂次地形図に表示するとともに，その高さと関連事項を整理した資料を作成することとし，昭和63年より調査・検討を進めてきた。本資料はその調査結果をとりまとめたものである。

　この検討に際しては，「山の高さに関する委員会」を組織した。委員の方々には，この調査の実施にあたって非常なお骨折りをいただいた。このことなくしては，この調査の遂行は不可能であったであろう。改めて委員の方々に感謝する。

　本資料が前述の要望などに応えるとともに，日本の山岳についての基礎資料の一つとして各方面で活用されることを期待する。

「日本の山岳標高一覧－１００３山－」について

　「日本の山岳標高一覧－１００３山－」は，２万５千分１地形図などの基本測量の成果を基礎として，日本の主な山1003山の，山名，最高地点の位置・標高などについて点検，補足調査を行い，技術資料としてまとめたものである。

　この調査における経緯と組織，調査に際しての考え方や基準についての検討内容などは付属資料に示す。

　本資料の構成は次のとおりである。

　１．日本の主な山－１００３山－のデータ表
　２．標高 2,500m 以上のすべての山のデータ表
　３．都道府県の最高地点の一覧
　４．この調査で標高値が改正された山の一覧
　５．今回調査を行った山岳の都道府県毎の一覧

付属資料

索引

付図：索引図

平成 14 年度版「日本の山岳標高一覧－１００３山－」作成にあたり

　平成３年に、国土地理院技術資料としてまとめられた「日本の山岳標高一覧－１００３山－」を、測地座標系の世界測地系への変更に伴い更新することとなった。

　更新するにあたっては、三角点名等欄の調整などが検討されたが、当初の考え方などを尊重していく上で、混乱が生じると判断し、個々の整理欄は初版のとおりとして扱った。ただし、三角点の移転等による数値の更新、地形図修正等での数値の変更、現地計測作業で得られた標高数値は暫時更新した。

　また、１９９０年の火山活動で形成された雲仙岳の平成新山を今回新たに加えた。

　平成３年以降、上述理由から数値が更新された山は斜里岳他１１山あり、表４に加えた。また、現地計測により更新された山は羅臼岳他９山となり、表４の後に別途記載した。

平成１４年３月

国土地理院測図部調査資料課

1．日本の主な山－１００３山－のデータ表（表１）

　ここに記載した山は、原則として，２万５千分１地形図に名称が表示されている山のうちから，「日本の主な山」として選んだものである。

　一方，２万５千分１地形図に山名[1) が表示されていないが，検討の結果，本表に掲載することとした山については，〔　〕書きで表示した。データ表を読むのに必要な最小限の事項を以下に説明する。関連事項，詳細な調査法などについては「付属資料」を参照されたい。

１）このデータ表は，索引番号，山名〈山頂名〉，所在等，標高，緯度・経度，２万５千分１地形図名，都道府県，三角点名等，備考からなる。

２）索引番号

　検索の便のために，対象とした山を山域毎にグループ分けし，日本列島を北東から南西に向かう順序で，一連のコード番号をつけた。また，一つの山で，複数の峰を採用した場合は枝番を付した。

３）山名〈山頂名〉

　一山一峰の単純な山は山名をそのまま記載したが，複数の峰（山頂）を持つ複雑な構成の山は，全体を総称する名称を山名として表示した。さらにその最高峰に山名としたものと異なる名称があるときは，その名称に〈　〉をつけて山頂名として表示した。

　また，最高峰でない峰であっても，この表に掲載することが妥当と考えた著名な峰については，最高峰に続けて次行に表示した。

　一つの山と見なした領域の設定と山名の取扱いについては，「付属資料」を参照されたい。

　山名を含む地名全般については，地形図の新規作成または修正の際に関係市町村長の確認を受けた資料を作成しているが，本表の山名についても原則としてこの資料によった。なお，由緒のある古い呼称などについては備考欄に示した。

　山の呼び方は，山名・山頂名欄にひらがなで表示した。その典拠は上記に同じである。

４）所在等

　その山の位置をわかり易くするために，国土地理院が作成した「主要自然地域名称図」（昭和29年）を参考として，山域毎にグループ分けしたものであり，所属する山脈や山域名のほか，代表とするにふさわしい山名，地域名などで表わした。

　なお，長大な山脈，山地の場合には，北部，中部，南部などと細分して示した。

　表中の飛騨山脈は北アルプス，木曽山脈は中央アルプス，赤石山脈は南アルプスともいわれている。

５）標高

　今回の調査における山の標高は，三角点，標高点がその山の最高地点にあると地形図から判読出来る場合は，地形図上でのその標高値を採用した。それ以外の場合には，写真測量又は現地測量による山の最高地点の測定値を表示した。

　高さの基準は，測量法に基づき，東京湾の平均海面を基準面として，メートル位までを表示することとし，メートル位以下の測量データがあるものも四捨五入によりメートル位までを表示した。

　ただし，離島にあっては地形図におけると同様，その離島近くの平均海面を基準面とする標高を用いている場合がある。

６）緯度・経度

　各山の最高地点の位置を経緯度で秒単位まで表示した。三角点が最高地点にあるものについては

148

三角点のデータを，標高点あるいは測定点の場合には2万5千分1地形図での図上計測による数値を，それぞれ表示した。

7）2万5千分1地形図名

山頂（最高地点）が含まれている2万5千分1地形図の図葉名とその図葉が含まれる20万分1地勢図名，地形図番号を括弧を付して併記した。

8）都道府県

山頂が所在する都道府県名を表示した。山頂部で境界が未定の場合は，関係する可能性のある都道府県名すべてを示した。

9）三角点名等

この欄に三角点の名称と等級（ローマ数字）が記載されている場合はその三角点の標高値を，標高点と記載されている場合には地形図上に図示されている標高点の標高値を，測定点と表示されている場合には今回の調査による標高値を，それぞれ山の標高として採用したことを示す。なお，この調査では，最新の三角点標高値を採用しており，地形図では，未修正のものもある。

また，この技術資料で測定点と表示したもののうち，2万5千分1地形図で表記可能なものについては逐次地形図上に表示していく予定である。

10）備考

山名の別称など，参考となるデータを記載した。なお，従来，三角点の高さをもって，その山の標高としていたもののうち，今回の調査で，三角点よりも高い地点が確認され，その標高が確定した山については，三角点名，等級とその標高値を記載した。

1）国土地理院の地形図では，山名は聳肩体（右肩上りの字体）で表示している。この技術資料では，地形図上の山名のほか，八幡平・美ヶ原のように，一般に山としても認識されている地名も，山に含めて扱っている。

付属資料

1. 日本の山岳標高の調査

　近年，山に対する関心が高まり，山の標高，山名などについての正しい情報の提供についての要望が高まっている。

　国土地理院では，2万5千分1地形図をはじめとする地図の刊行をその業務の一つとしているが，作成する地形図では，特別に山頂の高さを調査し，表示することにはなっていない。そのため，山の高さとしては（イ）山頂にある三角点の標高値，（ロ）山頂に表示された標高点の標高値，（ハ）最高位の等高線数値などが用いられてきた。

　しかし，これらの標高値を，山の高さとして採用するにはいろいろと問題がある。すなわち，三角点の場合には山頂（文字どおりの最高点）にあるとは限らない。なぜなら，その位置は三角測量の実施に都合のよい場所が選ばれているからである。

　また，等高線数値で代用する場合には，山頂はその等高線の表わす標高値よりは高いことになる。

　さらに，写真測量による2万5千分1地形図の全国整備の完了により，それ以前の平板測量中心の5万分1地形図の標高値とは異なる標高値も得られ，同一の山について，いくつもの標高値が存在する場合もあることになり，整理する必要も生じていた。

　以上に加えて，山の高さについて，国土地理院の地形図以外の全国的規模の情報もないのが実状のため，地図利用者から山の標高を正確に知りたいという要望も寄せられるようになった。

　このため，日本の主要な山について，その標高・位置などについて点検・補足測量を実施し，表示可能なものについてはその結果を地形図上に表示して行くとともに，これらの結果をまとめた技術資料を作成することにした。

2. 調査の経緯と組織

　国土地理院では，以上のような問題意識のもとで，昭和63年から準備に着手し，平成元年2月〜4月に準備会議を重ね，学識経験者と国土地理院関係者による「山の高さに関する懇談会」を設置し，第1回懇談会を同年4月22日に開催した。

　この懇談会では，まずこの調査に必要な基本的な事項として，山，山頂，標高などの定義や基準について検討を進めた。その結果標高2,500m以上の山岳についてのデータを，「日本の山岳標高」（第一次中間報告）として平成元年6月3日の第1回「測量の日」に公表した。その後，先の懇談会を「山の高さに関する委員会」に改め，平成元年10月11日に第1回委員会を開き，調査の範囲をさらに拡げて日本全国の著名な山を対象とすることとした。以後計8回の委員会が開催され，山域，山岳の範囲と構成，データ表に採用する山岳の選定，データ表の表示内容などについて検討が行われた。2年次の調査結果は，平成2年6月第2次中間報告として第1次分と合わせて624山について発表を行い，さらに，3年次の調査結果にそれまでのものを併せ，1003山のデータとしてここに発表するに至った。

　なお，山の高さに関する委員会のメンバーは次のとおりである。

　　○五百沢智也（日本山岳会）

　　小疇　　尚（明治大学）

児玉　　茂（日本山岳会）

鎮西　清高（京都大学）

西丸　震哉（日本山岳会）

平林　國男（大町山岳博物館）

望月　達夫（日本山岳会）

（敬称略，五十音順，○印：委員長）

3．検討事項

　上記委員会における検討事項のうち，この技術資料の理解のため主要なものを以下にとりまとめる。

（1）山とは

　山とは，地表面が高く大きく盛り上がったものと考え，眺めた感じで一つの山の範囲を定める。山には一つの頂上に斜面が集まる単純なものもあれば，複数の峰，複数の頂上を持ち，全体の総称としての山名と部分的な峰や山頂部に別の山名を持つものもある。

（2）頂上のとらえ方[2]

　山の頂上は，山体を構成する岩石圏の最高地点とする。樹木などの生物圏に属するものは，山体の一部とは考えず，また人工的建造物も山体の一部とは見なさない。

　岩石圏としては，基盤岩石とその風化生成物，火山灰など天然自然の現象で堆積した未固結物質を含むものとした。

（3）山と山名の取扱いについて

　1つの山の範囲の認定については，以下のような煩雑さを避け，従来からの一的慣用を尊重しつつ表1のとおりとした。

　富士山を例にして考えると，その山頂部はお鉢と呼ばれる火口をとりまく9つの峰で構成されているほか，中腹部に宝永山，小御岳，裾野に大室山，長尾山など多数の寄生火山を有するが，最高峰の剣ヶ峰（3,776m）の標高をもって富士山の標高とし，全休を富士山という1つの山とする。そのため，標高3,192mの北岳を日本第2の高山としてきた。もし，富士山第2峰の白山岳3,756 m をもって日本第2の高山とし，以下久須志岳，大日岳と全部を独立させて数えれば，北岳は日本第10位の山になってしまう。

　一方，北岳は，白根山（あるいは白峰山）と総称される一連の山なみの北のピークである。そしてこのピークがこの山なみの最高峰であるから，日本第2位の高山を白根山であるとし，北岳の標高で代表させるようにすれば，現在第4位の間ノ岳や第15位の農鳥岳はなく，他の山の順位が繰りあがることになる。これは第3位の奥穂高岳についても同様で，奥穂高岳で総称の穂高岳を代表させれば，第8位涸沢岳，第9位北穂高岳，第11位前穂高岳などが皆消えることになる。さらに，奥穂高岳には，"ジャンダルム"や"ろばの耳"という部分的な小ピークにつけられた山名がある。また間ノ岳には中白根というピークが含まれる。同様に鹿島槍ヶ岳にも北峰と南峰の二つのピークがあるほか，山脚の部分的高まりに天狗ノ鼻や牛首などの部分的地名もある。

　このように，山にはたくさんのピークが寄り集まって全体として一つの山をつくるケース，あるいは一つ一つが立派な山となるピークで，そのピークのそれぞれに部分的な山名もあり，同時にそれらをまとめた全体の山名も存在するというケースもある。

こうした各種のケースについて，1つの山の範囲を統一した基準であきらかにすることは困難である。一つの方法として，隣合う山頂間の距離とその間の谷の深さとから，山を区分することを検討したが，それだけでは，全国の山を対象とするには不充分であることが判明した。そのため山を遠望したときの直観的印象，地域住民・登山関係者間での慣用などを併せとり入れて山を区分した。その際には等高線からの平行投影による立面図集「日本名山図譜」（神中，1986）なども利用して考察を加えた。

この技術資料では複数の峰，小山頂を持つ山については，山名を表示するとともに最高峰の山頂名を〈　〉付きで示すこととし，他は省略することを原則としたが，省略できない著名な山頂名がある場合には最高峰でない峰でも〈　〉付きで示すこととした。

また山名として表示した山岳を複数まとめる山名や山域名は，所在の欄や備考欄に適宜表示することとした。

（4）標高について[3]

これまでの山の標高は，三角点標高値，標高点の標高値，等高線数値によって代用されてきた。作業規程では，これらの標高値の目標とする精度は下表のように決められている。

作業規程で規定する標高値の精度

種　類	作　業　規　程	精度に関する規定の要旨
三角点	精密測地網二次基準点	標高目標精度：5 cm[4] 測量作業規定
標高点	基本図測量作業規程	標高精度：3 m（等高線間隔の1／3）
等高線	同上	標高精度：5 m（等高線間隔の1／2）

標高の基準は，測量法及び同法施行令に定めるとおり，東京湾の平均海面を基準として設定された日本水準原点の標高値24.4140m である。しかし，離島にあっては，その離島周辺の平均海面を基準とする場合もある。

数値の表示はメートル位までとし，メートル位以下の数値が算出されている三角点の標高値を利用する場合は，メートル位以下第一位を四捨五入してメートル位までを表示する。

2）雪氷など固体水圏が常時山頂部に存在する場合には，その上に人間が立った場合に足の潜った位置の標高をもってその山の標高とするが，我国にはそのような例はないと思われる。

3）今回の測定の大部分は写真測量法によっており，使用写真の縮尺は多くの場合約4万分1である。三角点には，空中写真と地上を対応づけるための対空標識が設置してあるわけではないので，三角点の位置を写真上で厳密に特定することは難しく，測定に多少の不確定さが残るケースもあり得る。また，特に三角点の近傍に最高地点として測定すべき岩があっても，その大きさが数メートル程度であると，空中写真からその岩を判別できない可能性もある。従って，精度的にはその程度の不確定性を伴うものである。また，山頂が樹木で覆われている場合にも測定値の精度は低下する。

4）三角点の標高については，作業規程に基づき，2点間の比高測定の目標精度を5cm として測量作業が進められている。ただし，2点間の相対的精度としては，上記のとおりであるが，三角点標高値としては，最大20cm 程度の誤差を持っている場合もある。

おわりに

　この技術資料は，地形図での山の表示に関する関心の高まりに応えて，国土地理院測図部が「山の高さに関する委員会」における検討結果をふまえ，各地方測量部の協力を得て，日本の山，約 1,000 山について昭和 63 年から平成 3 年まで足掛け 4 年をかけて調査した結果をまとめたものである。2 万 5 千分 1 地形図には約 16,000 にのぼる山の名前が記載されており，その数からすれば，これは一部の山についてのものである。今後，この種のことについては，地形図の維持・更新の中で適宜検討して行きたい。

　この技術資料の作成にあたって，「山の高さに関する委員会」の委員の方々には，調査すべき山の選択を初めとして一方ならぬ尽力をいただいた。また日本山岳会関係の方々には山の選択や山の呼称，ピークの様子など貴重な情報を提供していただいた。ここに記して感謝申し上げる次第である。さらに山の呼称の確認などで関連する市町村にもお世話になった。そのほか第一次，第二次の中間報告の発表以来，多くの方々から貴重な意見が寄せられた。これらについては，本資料では個々には挙げていないが，活かせるものについてはこの資料に活用した。協力の労を惜しまれなかった方々に改めて感謝の意を表する。

　国土地理院におけるこの調査の担当者は以下のとおりである。

企画：野々村邦夫

調査：長岡正利，石渡喜代治，坪田清一，東海林日出男，辻みどり，政春尋志，佐藤勝，
　　　干川弘之

参考文献

寺田寅彦（1931）：地図を眺めて，岩波新書「天災と国防」

東京天文台編（1991）：「理科年表平成 3 年」，丸善（株）

日本山岳会編（1988）：「山日記」

五百沢智也（1986）：二番目に高い山，講談社「本」，No.11，p.4-5

鈴木弘道（1978）：日本高山標高一覧，国土地理院時報，No.51，p.1-16

徳久球雄・三省堂編集所編（1990）：「コンサイス日本山名辞典」（修訂版）

国土地理院（1989）：「日本の山岳標高（第 1 次中間報告）」，国土地理院技術資料，C・1-No.168

国土地理院（1990）：「日本の山岳標高（第 2 次中間報告）」，国土地理院技術資料，C・1-No.185

神中龍雄（1986）：「日本名山図鑑」，朝日新聞西部本社　編集出版センター

野々村邦夫・長岡正利・坪田清一・東海林日出男（1990）：2 万 5 千分の 1 地形図に表示された
　　　山の高さ等に関する問題点について，地図，Vol.28-1，p.1-9

（平成 3 年 8 月）

50音順索引

読み	仙名	索番号	ページ
あ			
あいのだけ	間ノ岳	556	76
あおそやま	青麻山	205	33
あおなぎやま	青薙山	602	82
あおのやま	青野山	834	108
あおばやま	青葉山	742	98
あおまつばやま	青松葉山	139	24
あかいしだけ	赤石岳	578	80
あかいわだけ	赤岩岳	498	69
あかうさぎやま	赤兎山	650	88
あかうしだけ	赤牛岳	456	63
あかぎさん＜くろびさん＞	赤城山＜黒檜山＞	261-1	40
あかぎさん＜じぞうだけ＞	赤城山＜地蔵岳＞	261-2	40
あかぐなやま	赤久縄山	318	47
あかざわだけ	赤沢岳	445	62
あかさわやま	赤沢山	500	69
あかだけ	赤岳	421	59
あかぼしやま	赤星山	883	115
あきはさん	秋葉山	598	82
あさくさだけ	浅草岳	282	42
あさひだけ	朝日岳	270	41
あさひだけ	朝日岳	292-1	43
あさひだけ	朝日岳	328	48
あさひだけ	朝日岳	428	60
あさひだけ	旭岳	435	61
あさひだけ＜おおあさひだけ＞	朝日岳＜大朝日岳＞	221	35
あさひだけ＜しらがもん＞	朝日岳＜白毛門＞	292-2	43
あさひやま	朝日山	786	103
あさまかくしやま	浅間隠山	312	46
あさまがたけ	朝熊ヶ岳	708	94
あさまやま	浅間山	311	46
あざみがだけ	莇ヶ岳	833	108
あさやま	阿佐山	816	106
あさよみね	アサヨ峰	545-1	75
あさよみね＜くりさわやま＞	アサヨ峰＜栗沢山＞	545-2	75
あしたかやま＜えちぜんだけ＞	愛鷹山＜越前岳＞	369	53
あしべつだけ	芦別岳	60	14
あずまねやま	東根山	183	30
あずまやさん	四阿山	308-1	45
あずまやさん＜ねこだけ＞	四阿山＜根子岳＞	308-2	46
あぞうじやま	安蔵寺山	827	107
あそさん＜えぼしだけ＞	阿蘇山＜烏帽子岳＞	927-5	121
あそさん＜きしまだけ＞	阿蘇山＜杵島岳＞	927-4	121
あそさん＜たかだけ＞	阿蘇山＜高岳＞	927-1	120
あそさん＜なかだけ＞	阿蘇山＜中岳＞	927-3	121
あそさん＜ねこだけ＞	阿蘇山＜根子岳（猫岳）＞	927-2	121
あたごやま	愛宕山	357	51
あたごやま	愛宕山	746	98
あだたらやま	安達太良山	211-2	34
あだたらやま＜てつざん＞	安達太良山＜鉄山＞	211-1	34
あだちやま（きりがたけ）	足立山（霧ヶ岳）	908	118
あっかもり	安家森	133	24
あづまやさん	吾妻耶山	296	44
あつみだけ	温海岳	218	35
あとさぬぷり（いおうざん）	アトサヌプリ（硫黄山）	11	8
あべあらくらだけ	安倍荒倉岳	563	78
あぼいだけ	アポイ岳	83	17
あまかざりやま	雨飾山	401	57
あまがだけ	尼ケ岳	702	93
あまぎさん＜ばんざぶろうだけ＞	天城山＜万三郎岳＞	375	54
あまごいだけ	雨乞岳	675	90
あまのかぐやま	天香久山	691	92
あまめがくら	天女ヶ倉	981	128
あみがさやま	編笠山	424	60
あみだだけ	阿弥陀岳	422	59
あらおだけ	荒雄岳	191	30
あらかいざん（たろうだけ）	荒海山（太郎岳）	265	41
あらかわだけ＜なかだけ＞	荒川岳＜中岳＞	577-1	79
あらかわだけ＜まえだけ＞	荒川岳＜前岳＞	577-2	79
あらさわだけ	荒沢岳	288	43
あらしまだけ	荒島岳	659	89
あらふねやま	荒船山	317	47
ありあけやま	有明山	491	68
ありあけやま	有明山	943	123
あわがたけ	粟ヶ岳	279	42
あわがやま	粟鹿山	762	100
あんべいじやま	安平路山	534	74

い			
いいづなやま（いいづなやま）	飯縄山（飯綱山）	407	58
いいでさん	飯豊山	228	36
いいのやま（さぬきふじ）	飯野山（讃岐富士）	851	111
いいもりさん	飯森山	233	36
いおうざん	硫黄山	2	7
いおうぜん＜おくいおうぜん＞	医王山＜奥医王山＞	635	86
いおうだけ	硫黄岳	419	59
いおうだけ	硫黄岳	487	67
いおうだけ	硫黄岳	982	128
いおうやま	硫黄山	384	55
いくしゅんべつだけ	幾春別岳	61	14
いけぐちだけ	池口岳	589	81
いけごややま	池木屋山	712	94
いけのだいらやま	池平山	464	64
いこまやま	生駒山	693	92
いさなごさん	磯砂山	754	99
いしかりだけ	石狩岳	43	12
いしずみさん	石墨山	891	116
いしたてざん	石立山	874	114
いしづちさん（てんぐだけ）	石鎚山（天狗岳）	888	116
いしどうやま	石堂山	959	125
いずがたけ	伊豆ヶ岳	336	49
いずしやま	出石山	894	116
いずみがたけ	泉ヶ岳	201	32
いたやだけ	板屋岳	575	79
いちふさやま	市房山	958	125
いっぱさんきゅうほう	１８３９峰	76	16
いとうだけ	以東岳	220	35
いどんなっぷだけ	イドンナップ岳	74	16
いなあらくらだけ	伊那荒倉岳	553	76
いなおだけ	稲尾岳	970	127
いなにわだけ	稲庭岳	156	26
いなむらやま	稲叢山	881	115
いぬがたけ	犬ヶ岳	911	118
いぬがだけ	犬ヶ岳	427	60
いぬなきやま（くまがしろ）	犬鳴山（熊ヶ城）	914	118
いのかわだけ	井之川岳	996	130
いぶきやま	伊吹山	668	90
いまきらだけ	イマキラ岳	993	129
いまのやま	今ノ山	907	118
いよがたけ	伊予ヶ岳	356	51
いよふじ	伊予富士	886	115
いらずやま	不入山	899	117
いるむけっぷやま	イルムケップ山	58	14
いわいがめやま	祝瓶山	222	35
いわきさん	岩木山	166	28
いわごやざわだけ	岩小屋沢岳	443	62
いわすげやま	岩菅山	302-2	45
いわすげやま＜うらいわすげやま＞	岩菅山＜裏岩菅山＞	302-1	45
いわてさん	岩手山	163	27
いわべだけ	岩部岳	120	21
いわわきさん	岩湧山	698	93

う			
うぇんしりだけ	ウェンシリ岳	25	9
うきだけ	浮嶽	918	119
うこたきぬぷり	ウコタキヌプリ	15	8
うさぎだけ	兎岳	583	80
うしだけ	牛岳	622	84
うしまわしやま	牛廻山	731	97
うしろやま	後山	777	102
うすざん＜おおうす＞	有珠山＜大有珠＞	105	19
うたがきやま	歌垣山	749	99
うつぎだけ	空木岳	530	73
うつくしがはら＜おうがとう＞	美ヶ原＜王ヶ頭＞	411	58
うつだけ	鬱岳	24	9
うなべつだけ	海別岳	7	7
うねびやま	畝傍山	692	92
うばがたけ	姥ヶ岳	663	89
うべべさんけやま	ウベベサンケ山	46	13
うまみやま	馬見山	913	118
うらぶだけ	宇良部岳	1003	130
うんげつやま	雲月山	818	106
うんぜんだけ＜ふげんだけ＞	雲仙岳＜普賢岳＞	938-1	123
うんぜんだけ＜へいせいしんざん＞	雲仙岳＜平成新山＞	938-2	123
うんべんじさん	雲辺寺山	857	112

え			
えさおまんとったべつだけ	エサオマントッタベツ岳	71	16
えさん	恵山	114	20

えしろやま（つのだけ）	江代山（津野岳）	957	125
えっちゅうざわだけ	越中沢岳	476	66
えなさん	恵那山	538	74
えにわだけ	恵庭岳	91	18
えぶりさしだけ	?差岳	226	36
えぼしだけ	烏帽子岳	452	63
えぼしだけ	烏帽子岳	571	79
えぼしだけ（にゅうとうざん）	烏帽子岳（乳頭山）	164	27
えらだけ	江良岳	122	21
お			
おあかんだけ	雄阿寒岳	13	8
おいけだけ	御池岳	672	90
おいしがみね	生石ヶ峰	727	96
おいずるがだけ	笈ヶ岳	640	86
おうぎのせん	扇ノ山	771	101
おおあまみやま	大雨見山	629	85
おおえたかやま	大江高山	807	105
おおえやま（せんじょうがたけ）	大江山（千丈ヶ嶽）	755	99
おおかごだけ	大籠岳	560	77
おおがさやま	大笠山	639	86
おおからまつやま	大唐松山	558	77
おおくえやま	大崩山	949	124
おおくすやま	大楠山	359	51
おおくらやま	大倉山	799	104
おおざさん	皇座山	848	111
おおさびやま	大佐飛山	251	38
おおさやま	大佐山	819	106
おおさわだけ	大沢岳	581	80
おおじやま	大地山	391	56
おおだいがはらざん＜ひのでがたけ＞	大台ヶ原山＜日出ヶ岳＞	714	95
おおたかもり	大高森	197	31
おおたきねやま	大滝根山	237	37
おおたきやま	大滝山	497	68
おおたきやま	大滝山	854	112
おおだけさん	大岳山	349	50
おおだないりやま	大棚入山	523	72
おおとうざん	大塔山	733	97
おおばみだけ	大喰岳	502	69
おおひかげやま	大日影山	574	79
おおひらやま	大平山	783	102
おおひらやま	大平山	838	109
おおひらやま	大平山	850	111
おおびらやま	大平山	107	20
おおふかだけ	大深岳	162	27
おおぼらやま（ひりゅうやま）	大洞山（飛龍山）	342	49
おおみねやま	大峯山	824	107
おおむろやま	大室山	362	52
おおむろやま	大室山	374	54
おおやま	大山	358	51
おおやま	大山	360	51
おおやま	大山	997	130
おおよろぎやま	大万木山	804	105
おがたけ	男鹿岳	250	38
おきなさん	翁山	198	31
おきのやま	沖ノ山	776	102
おくさんがいだけ	奥三界岳	519	72
おくだいにちだけ	奥大日岳	468	65
おくちゃうすやま	奥茶臼山	579	80
おくほたかだけ	奥穂高岳	507	70
おぐらさん	御座山	322	47
おしろやま	尾城山	520	72
おすずやま	尾鈴山	960	125
おそらかんざん	恐羅漢山	822	107
おたけ	尾岳	980	128
おたけ	御岳	990	129
おたけ	御岳	991	129
おとふけやま	音更山	44	13
おとべだけ	乙部岳	111	20
おとわやま	音羽山	684	91
おのだけ	小野岳	263	40
おばこだけ	伯母子岳	729	96
おぶたてしけやま	オブタテシケ山	37	12
おもとだけ	於茂登岳	1001	130
おやま	雄山	381	55
おやま	御山	382	55
おりつめだけ	折爪岳	132	24
おんたけ	御岳	989	129
おんたけ（きただけ）	御岳（北岳）	971	127
おんたけ＜けんがみね＞	御嶽山＜剣ヶ峰＞	517	71

おんなだけ	恩納岳	1000	130
おんねべつだけ	遠音別岳	6	7
か			
がいたかもり	喜鷹森	138	24
かいもんだけ	開聞岳	977	128
かおれだけ	川上岳	631	85
がきだけ	餓鬼岳	489	68
かごのとやま＜ひがしかごのとやま＞	篭ノ登山＜東篭ノ登山＞	310	46
かさがたけ	笠ヶ岳	304	45
かさがたけ	笠ヶ岳	485	67
かさがたやま	笠形山	764	100
かさぎやま	笠置山	687	92
かざこしやま（ごんげんやま）	風越山（権現山）	537	74
かすてやま	笠捨山	722	96
かさとりやま	笠取山	679	91
かさとりやま	笠取山	897	117
かざふきだけ	風吹岳	433	61
かじがもり	梶ヶ森	875	114
かしまやりがたけ	鹿島槍ヶ岳	441	62
かすみざわだけ	霞沢岳	511	70
かたむきやま	傾山	948	124
がっさん	月山	216	34
かつらぎさん	葛城山	696	93
かつらぎさん	葛城山	699	93
かつらぎさん	桂木山	839	109
かつらだけ	桂岳	117	21
かどやま	角山	979	128
かなくそだけ	金糞岳	667	89
かなやま	金山	782	102
かならせやま	鹿嵐山	921	119
かねがりゅうもり	鐘ヶ龍森	878	114
かのうざん	鹿野山	353	51
かばやま	加波山	246	38
かぶやま＜おかぶやま＞	[加無山]＜男加無山＞	180	29
かまがみね	鎌ヶ峰	515	70
かまくらだけ	鎌倉岳	236	37
かまふせやま	釜臥山	124	23
かみこうちだけ	上河内岳	585	80
かみふくねやま	上福根山	956	125
かみほろかめっとくやま	上ホロカメットク山	40	12
かむいえくうちかうしやま	カムイエクウチカウシ山	75	16
かむいだけ	神威岳	79	16
かむいぬぷり（ましゅうだけ）	カムイヌプリ（摩周岳）	12	8
かむいやま	神威山	121	21
かむりきやま（おばすてやま）	冠着山（姨捨山）	410	58
かむろさん	神室山	192	31
かむろだけ（こかぶらやま）	禿岳（小鏑山）	195	31
かめがもり	瓶ヶ森	887	115
かやがたけ	茅ヶ岳	333	48
からさわだけ	唐沢岳	488	67
からさわだけ	涸沢岳	506	69
からすがせん	烏ヶ山	794	104
からまつおやま	唐松尾山	341	49
からまつだけ	唐松岳	439	62
かりばやま	狩場山	108	20
がりゅうざん	臥龍山	820	107
かわのりやま	川乗山	337	49
がんがはらすりやま	雁ケ腹摺山	346	50
がんきょうじやま	願教寺山	647	87
かんざん	冠山	815	106
かんなんざん	神南山	895	116
かんのんがだけ	観音ヶ岳	548	75
かんぷうざん	寒風山	181	29
かんむりだけ（にしだけ）	冠岳（西岳）	973	127
かんむりやま	冠山	665	89
かんむりやま	冠山	825	107
き			
きさん	基山	916	119
きたあらかわだけ	北荒川岳	565	78
きたおくせんじょうだけ	北奥千丈岳	330	48
きたくずだけ	北葛岳	449	63
きただけ	北岳	555	76
きたのまただけ（かみのだけ）	北ノ俣岳（上ノ岳）	479	66
きたほたかだけ	北穂高岳	505	69
きたまただけ	北股岳	227	36
きたみふじ	北見富士	33	10
きっとやさん	屹兎屋山	238	37
きとうしやま	喜登牛山	51	13
きぬぬまやま	鬼怒沼山	269	41

きめんざん	鬼面山	580	80
きょうがたけ	経ヶ岳	522	72
きょうがだけ	経ヶ岳	651	88
きょうがみね	経が峰	678	91
きょうまるやま	京丸山	597	82
きよすみやま<みょうけんやま>	清澄山<妙見山>	352	51
きりがみね<くるまやま>	霧ヶ峰<車山>	413	58
きりしまやま<からくにだけ>	霧島山<韓国岳>	967-1	126
きりしまやま<しんもえだけ>	霧島山<新燃岳>	967-2	126
きりしまやま<たかちほのみね>	霧島山<高千穂峰>	967-3	126
きんかざん	金華山	150	26
きんかざん	金華山	616	84
きんぶさん	金峰山	327	48
きんぼうさん	金峰山	214	34
きんぽうさん	金峰山	933	122
きんぼうさん	金峯山	975	127
きんぼくさん	金北山	390	56

く

くいしやま	工石山	879	115
くいしやま	工石山	882	115
くしがたやま	櫛形山	551	76
くしがみね<かみだけ>	櫛ヶ峯（上岳）	152	26
くじゅうれんざん<くじゅうさん>	くじゅう連山<久住山>	926-6	120
くじゅうれんざん<くろだけ>	くじゅう連山<黒岳>	926-2	120
くじゅうれんざん<たいせんざん>	くじゅう連山<大船山>	926-3	120
くじゅうれんざん<なかだけ>	くじゅう連山<中岳>	926-1	120
くじゅうれんざん<ほっしょうざん>	くじゅう連山<星生山>	926-5	120
くじゅうれんざん<みまたやま>	くじゅう連山<三俣山>	926-4	120
くすやがだけ	久須夜ヶ岳	739	97
くちさんぼうだけ	口三方岳	636	86
くとやま	久斗山	765	100
くにみざん	国見山	870	114
くにみだけ	国見岳	472	65
くにみだけ	国見岳	656	88
くにみだけ	国見岳	955	125
くにみやま	国見山	711	94
くにみやま	国見山	931	122
くにみやま	国見山	935	122
くにみやま	国見山	963	126
くのうざん	久能山	610	83
くまがたけ	熊ヶ岳	974	127
くまがみね	熊ヶ峰	845	111
くまざわだけ	熊沢岳	528	73
くまぶしやま	熊伏山	591	81
くもそうやま	雲早山	864	113
くもだにやま	雲谷山	738	97
くもとりやま	雲取山	339	49
くらいやま	位山	630	85
くらだけ	倉岳	978	128
くりこまやま	栗駒山	188	30
くりこやま	栗子山	206	33
くるそんざん（おだけ）	狗留孫山（御岳）	842	109
くるひだけ	来日岳	757	99
くろいわやま	黒岩山	268	41
くろかみざん	黒髪山	934	122
くろそやま	倶留尊山	703	93
くろたけ	黒岳	366-1	52
くろたけ	玄岳	373	54
くろたけ<しゃかがたけ>	黒岳<釈迦ヶ岳>	366-2	52
くろひめさん	黒姫山	394	56
くろひめやま	黒姫山	404	57
くろひめやま	黒姫山	425	60
くろべいやま	黒檜山	562	78
くろべごろうだけ（なかのまただけ）	黒部五郎岳（中ノ俣岳）	480	67
くろぼうしがたけ	黒法師岳	594	81
くろもり	黒森	186	30
くわさきやま	鍬崎山	477	66
くわはたやま	桑畑山	125	23
くんべつだけ	群別岳	56	14

け

けいかんやま（くろかわやま）	鶏冠山（黒川山）	343	49
けいづるやま	景鶴山	274	41
けかつやま	毛勝山	462	64
けさまるやま	袈裟丸山	259	39
けなしがせん	毛無山	795	104
けなしやま	毛無山	109	20
けなしやま	毛無山	370	54
けもうやま	毛猛山	283	42
けんそざん<ほしがじょうやま>	嶮岨山<星ヶ城山>	844	111

けんとくさん	乾徳山	331	48
けんびさん	剣尾山	750	99

こ

こうがさん	高賀山	661	89
こうしゃさん（たかいふじ）	高社山（高井富士）	301	45
こうしんざん	庚申山	258	39
こうつざん	高越山	863	113
こうもりだけ	蝙蝠岳	567	78
こうやま	高山	836	108
こうようざん	高陽山	232	36
こがねざわやま	小金沢山	345	50
こくしがたけ	国師ヶ岳	329	48
こくぞうざん	虚空蔵山	936	122
ごけんさん（やくりやま）	五剣山（八栗山）	849	111
こごうちだけ	小河内岳	572	79
こごろうさん	小五郎山	828	107
ございしょざん	御在所山	896	116
ございしょのみね	五在所ノ峯	902	117
ございしょやま	御在所山	674	90
ごさそうざん	呉娑々宇山	813	106
こしきやま<おとここしきやま>	甑山<男甑山>	179	29
ごずさん	五頭山	231	36
こすもやま	越百山	533	74
ごぜんだけ	御前岳	628	85
こたろうやま	小太郎山	554	76
ことびきさん（みせん）	琴引山（弥山）	805	105
こならやま	小楢山	332	48
ごのみやだけ	五ノ宮嶽	157	26
こひかげやま	小日影山	573	79
こひでやま	小秀山	518	71
こぶしがたけ	甲武信ヶ岳	324	47
こまがたけ	駒ヶ岳	170	28
こまがたけ	駒ヶ岳	272	41
こまがたけ	駒ヶ岳	285	42
こまがたけ	駒ヶ岳	398	57
こまがたけ	駒ヶ岳	525-1	72
こまがたけ	駒ヶ岳	542	75
こまがたけ<おなめだけ>	駒ヶ岳<男女岳>	165	28
こまがたけ<けんがみね>	駒ヶ岳<剣ヶ峯>	112	20
こまがたけ<ほうけんだけ>	駒ヶ岳<宝剣岳>	525-2	72
こまがたけ<むぎくさだけ>	駒ヶ岳<麦草岳>	525-3	73
ごまだんざん	護摩壇山	730	96
こまつみね	駒津峰	543	75
こみだけ	古見岳	1002	130
こもちやま	子持山	315	46
こもつるしやま	菰釣山	364	52
ごようざん	五葉山	145	25
ごりゅうだけ	五龍岳	440	62
これんげさん	小蓮華山	431	61
ごんげんだけ	権現岳	423-1	60
ごんげんだけ<にしだけ>	権現岳<西岳>	423-2	60
ごんげんだけ<みつがしら>	権現岳<三ッ頭>	423-3	60
ごんげんやま	権現山	347-1	50
ごんげんやま<おうぎやま>	権現山<扇山>	347-2	50
こんごうざん	金剛山	697	93
こんごうどうざん	金剛堂山	624	85
こんぶだけ	昆布岳	103	19

さ

ざおうざん<かっただけ>	蔵王山<刈田岳>	204-2	32
ざおうざん<くまのだけ>	蔵王山<熊野岳>	204-1	32
ざおうざん<びょうぶだけ>	蔵王山<？風岳>	204-3	32
ざおうざん<ふぼうさん（ごぜんだけ）>	蔵王山<不忘山（御前岳）>	204-4	33
さかいのかみだけ	堺ノ神岳	137	24
さかきがみね	榊ヶ峰	387	56
ささがみね	笹ヶ峰	885	115
ささやま	笹山	561	78
ささやま	篠山	906	118
さじきがだけ	桟敷ヶ岳	745	98
さしるいだけ	サシルイ岳	4	7
さつないだけ	札内岳	72	16
さっぽろだけ	札幌岳	89	18
さなげやま	猿投山	615	84
さぶりゅうやま	佐武流山	298	44
さほろだけ	佐幌岳	48	13
ざるがたけ	笊ヶ岳	600	82
さるがばばやま	猿ヶ馬場山	627	85
さるまさやま	猿政山	803	105
さんぐんざん	三郡山	915	119
さんしゅうがたけ	三周ヶ岳	666	89

読み	山名	No	頁
さんじょうがたけ	山上ヶ岳	715	95
さんだいみょうじんやま	三大明神山	240	37
さんとうさん	三頭山	53	14
さんのうざん（おだけ）	山王山（雄嶽）	945	124
さんのさわだけ	三沢岳	526	73
さんべさん<おさんべさん>	三瓶山<男三瓶山>	806	105
さんぼういわだけ	三方岩岳	641	87
さんぼうくずれやま	三方崩山	642	87
さんぼうやま	三宝山	323	47
さんぼんぐい	三本杭	905	117
さんぼんやりだけ	三本槍岳	248	38
し			
じいがたけ	爺ヶ岳	442	62
じいだけ	祖父岳	458	64
しおみだけ	塩見岳	566	78
しがやま	志賀山	303	45
しぎさん	信貴山	694	92
じぞうがたけ	地蔵ヶ岳	547	75
しちめんざん	七面山	604	82
じっぽうざん	十方山	823	107
しのいさん	篠井山	607	83
しのぶやま	信夫山	207	33
しびさん（じょうぐさん）	紫尾山（上宮山）	965	126
しぶつさん	至仏山	276	41
しべつだけ	標津岳	9	7
しまがれやま	縞枯山	416	59
しもつごうやま	下津川山	289	43
しゃかがたけ	釈迦ヶ岳	720	95
しゃかだけ	釈迦岳	929	122
しゃくしだけ	杓子岳	437	61
しゃくじょうだけ	錫杖岳	486	67
じゃくちさん	寂地山	826	107
しゃりだけ	斜里岳	8	7
じゅうにしんざん	十二神山	143	25
じゅうぶざん	鷲峰山	686	92
じゅうまいざん	十枚山	606	83
じゅっこくやま	十石山	512	70
しゅてんどうじやま	酒呑童子山	930	122
しょうがたけ	笙ヶ岳	670	90
しょうぎがしらやま	将棊頭山	524-1	72
しょうぎがしらやま<ちゃうすやま>	将棊頭山<茶臼山>	524-2	72
しょうじやま	障子山	892	116
しょうずだけ	清水岳	436	61
じょうねんだけ	常念岳	495	68
じょうほうじやま	浄法寺山	655	88
しょうわしんざん	昭和新山	104	19
しょかんべつだけ	暑寒別岳	55	14
しょこつだけ	渚滑岳	26	9
しょしゃざん	書写山	779	102
しらがだけ	白髪岳	752	99
しらがだけ	白髪岳	962	126
しらかみだけ	白神岳	168	28
しらがやま	白髪山	873	114
しらがやま	白髪山	880	115
しらきみね	白木峰	623	85
しらきやま	白木山	812	106
しらくらやま	白倉山	590	81
しらすなやま	白砂山	299	44
しらたかやま	白鷹山	225	35
しらたけ	白嶽	942	123
しらねさん	白根山	256	39
しらねさん	白根山	306	45
しらはたやま	白旗山	780	102
しらひげだけ	白鬚岳	713	95
しらまやま	白馬山	728	96
しりべつだけ	尻別岳	101	19
しれとこだけ	知床岳	1	7
しろうまだけ	白馬岳	434	61
しろじやま	白地山	154	26
じんきちもり	甚吉森	876	114
しんじゃぬけやま	新蛇抜山	564	78
しんにゅうざん	深入山	821	107
じんばさん（じんばさん）	陣馬山（陣場山）	350	50
しんぼだけ	新保岳	224	35
す			
すいしょうだけ（くろだけ）	水晶岳（黒岳）	457	64
すかいさん	皇海山	257	39
すごろくだけ	双六岳	481	67
すずがもり	鈴ヶ森	901	117
すずのおおたにやま	鈴ノ大谷山	830	108
すばりだけ	スバリ岳	446	62
すもんだけ	守門岳	281	42
すりこぎやま	摺古木山	535	74
すりばちやま（ばいぶやま）	摺鉢山（バイブ山）	388	56
せ			
せきどうさん	石動山	619	84
せっとうがたけ	節刀ヶ岳	367	53
せっぴこさん	雪彦山	770	101
せふりさん	脊振山	917	119
せんがいれい	仙涯嶺	532	73
せんがみね	千ヶ峰	763	100
ぜんじのもりやま	善司ノ森山	736	97
せんじょうがたけ	仙丈ヶ岳	552	76
せんつうざん	船通山	800	104
せんのくらやま	仙ノ倉山	295	44
そ			
そうがだけ	僧ヶ岳	461	64
ぞうずさん<おおさやま>	象頭山<大麻山>	852	111
そせきざん	俎石山	700	93
そばつぶやま	蕎麦粒山	595	81
そぶがたけ	蘇武岳	766	100
そぼさん	祖母山	951	124
そらぬまだけ	空沼岳	90	18
た			
だいげんたさん	大源太山	291	43
たいこやま	太鼓山	753	99
たいしゃくさん	帝釈山	267	40
たいせつざん<あいべつだけ>	大雪山<愛別岳>	34-4	11
たいせつざん<あさひだけ>	大雪山<旭岳>	34-1	10
たいせつざん<くろだけ>	大雪山<黒岳>	34-2	10
たいせつざん<はくうんだけ>	大雪山<白雲岳>	34-5	11
たいせつざん<ほくちんだけ>	大雪山<北鎮岳>	34-3	11
だいせん<けんがみね>	大山<剣ヶ峰>	793	103
だいせんげんだけ	大千軒岳	119	21
だいせんざん	大川山	856	112
だいてんじょうだけ	大天井岳	492	68
だいとうだけ	大東岳	203	32
だいにちがたけ	大日ヶ岳	649	87
だいにちざん	大日山	653	88
だいにちだけ	大日岳	229	36
だいにちだけ	大日岳	469	65
たいはくさん	太白山	202	32
だいふげんだけ	大普賢岳	716	95
だいぶつだけ	大仏岳	174	29
たいへいざん	太平山	173	28
だいぼさつれい	大菩薩嶺	344	50
だいまんじざん	大満寺山	784	102
だいむげんざん	大無間山	592	81
だいもんざん	大門山	638	86
たいりゅうじやま	太竜寺山	862	113
たかおやま	高尾山	351	50
たかくまやま<おおのがらだけ>	高隈山<大箆柄岳>	968-1	126
たかくまやま<おんたけ>	高隈山<御岳>	968-2	127
たかさぶろうやま	高三郎山	637	86
たかしょうずやま	高清水山	634	86
たかすずやま	高鈴山	243	37
たかだてやま	高館山	213	34
たかつかやま	高塚山	596	82
たかつきやま	高月山	904	117
たかづまやま	高妻山	405	58
たかどっきょう	[高ドッキョウ]	608	83
たかとりやま	鷹取山	928	121
たかなわさん	高縄山	859	112
たかのすざん	鷹ノ巣山	811	106
たかのすやま	鷹ノ巣山	612	83
たかはたやま	高畑山	676	90
たかはちやま	高鉢山	788	103
たかはらやま<しゃかがたけ>	高原山<釈迦ヶ岳>	252	38
たかまつだけ	高松岳	189	30
たかみね	高嶺	546	75
たかみねさん	高峰山	724	96
たかみやま	高見山	706	94
たくひやま	焼火山	785	103
だけやま	岳山	809	105
たしろだけ	田代岳	171	28
たしろやま	田代山	266	40
たつわれさん	竪破山	241	37
たてしなやま	蓼科山	414	59

たてやま＜おおなんじやま＞	立山＜大汝山＞	471	65
たにがわだけ＜いちのくらだけ＞	谷川岳＜一ノ倉岳＞	293-2	44
たにがわだけ＜おきのみみ＞	谷川岳＜オキノ耳＞	293-3	44
たにがわだけ＜しげくらだけ＞	谷川岳＜茂倉岳＞	293-1	43
たまきやま	玉置山	723	96
たらだけ	多良岳	937-2	123
たらだけ＜きょうがだけ＞	多良岳＜経ヶ岳＞	937-1	122
たらだけ＜ごかはらだけ＞	多良岳＜五家原岳＞	937-3	123
たるまえさん	樽前山	93	18
だるまやま	達磨山	376	54
たろうさん	太郎山	254	39
だんがみね	段ヶ峰	769	101
たんざわさん	丹沢山	361-2	52
たんざわさん＜とうのだけ（とうがたけ）＞	丹沢山＜塔ノ岳（塔ヶ岳）＞	361-3	52
たんざわさん＜ひるがたけ＞	丹沢山＜蛭ヶ岳＞	361-1	52
ち			
ちえんべつだけ	知円別岳	3	7
ちとかにうしやま	チトカニウシ山	28	10
ちぶさやま	乳房山	386	55
ちゃうすだけ	茶臼岳	586	80
ちゃうすやま	茶臼山	611	83
ちゅうおうざん	中央山	385	55
ちゅうべつだけ	忠別岳	35	12
ちょうかいざん＜しんざん＞	鳥海山＜新山＞	177	29
ちょうがたけ	蝶ヶ岳	496	68
ちょうくろうやま	長九郎山	377	54
ちょうろうがだけ	長老ヶ岳	744	98
ちろろだけ	チロロ岳	67	15
つ			
つくばさん	筑波山	247	38
つぐろせん	津黒山	790	103
つじやま	辻山	550	76
つつがたけ	筒ヶ岳	932	122
つつじょうざん	筒上山	890	116
つばくろだけ	燕岳	490	68
つぼがみやま	壺神山	893	116
つぼねがだけ	局ヶ岳	704	94
つるぎごぜん	劔御前	467	65
つるぎさん	剣山	866-1	113
つるぎさん＜まるささやま＞	剣山＜丸笹山＞	866-2	113
つるぎだけ	劔岳	465	64
つるぎやま	剣山	66	15
つるみだけ	鶴見岳	922	119
て			
ていねやま	手稲山	85	17
てかりだけ	光岳	588	81
てしおだけ	天塩岳	27	10
ててがたけ	父ヶ岳	946	124
てらしやま	輝山	513	70
てんぐいしやま	天狗石山	817	106
てんぐだけ	天狗岳	96	18
てんぐだけ	天狗岳	417	59
てんぐづか	天狗塚	871	114
てんぐもり	天狗森	877	114
てんざん	天山	919	119
てんしがたけ	天子ヶ岳	371	54
てんじょうがだけ	天井ヶ岳	841	109
てんじょうさん	天上山	380	55
と			
どうがもり	堂が森	903	117
とうきんざん	頭巾山	743	98
とうげのかみやま	峠ノ神山	140	24
とうこうさん	東光山	175	29
どうごやま	道後山	801	104
とうせん	東山	775	101
どうだいらさん	堂平山	334	48
とうのまる	塔丸	867	113
とおしまやま	遠島山	134	24
とがくしやま	戸隠山	406	58
とかちやま	十勝岳	39	12
とかちぼろしりだけ	十勝幌尻岳	73	16
とくえもんだけ	徳右衛門岳	568	78
とくさがみね	十種ヶ峰	835	108
とくせんじょうやま	徳仙丈山	149	25
とくらやま（いなふじ）	戸倉山（伊那富士）	570	79
とったべつだけ	戸蔦別岳	69	15
とまむさん	トマム山	64	15
とみさん	富山	355	51
とむらうしやま	トムラウシ山	36	12

とよにだけ	豊似岳	82	17
とらげさん	虎毛山	190	30
とりかぶとやま	鳥甲山	300	44
とりだにやま	酉谷山	338	49
とんびやま	鳶山	475	66
な			
なえばさん	苗場山	297	44
ながうらだけ	長浦岳	939	123
なかだけ	中岳	155	26
なかだけ	中岳	503	69
ながただけ	永田岳	986	129
なかつざん	中津山	869	113
なかつざん（みょうじんさん）	中津山（明神山）	898	117
なかつみねやま	中津峰山	861	112
なかのだけ	中ノ岳	78	16
なかのだけ	中ノ岳	287	43
なかもりまるやま	中盛丸山	582	80
なぎさん	那岐山	778	102
なぎそだけ	南木曽岳	536	74
なくいだけ	名久井岳	131	23
なすだけ（ちゃうすだけ）	那須岳（茶臼岳）	249	38
なちさん＜えぼしやま＞	那智山 ＜烏帽子山＞	735	97
ななくらやま	七倉山	643	87
ななしぐれやま	七時雨山	158	27
ななつだけ＜いちばんだけ＞	七ヶ岳＜一番岳＞	264	40
ななつだけ	七ッ岳	118	21
ななほらがたけ	七洞岳	709	94
なるさわだけ	鳴沢岳	444	62
なんたいさん	男体山	242	37
なんたいさん	男体山	255	39
に			
にころやま	仁頃山	29	10
にしあづまやま	西吾妻山	208-1	33
にしあづまやま＜にしだいてん＞	西吾妻山＜西大巓＞	208-2	33
にしあづまやま＜ひがしだいてん＞	西吾妻山＜東大巓＞	208-3	33
にしくまねしりだけ	西クマネシリ岳	49	13
にしだけ	西岳	499	69
にしほうべんざん	西鳳翩山	837	108
にしほたかだけ	西穂高岳	509	70
にしやま（はちじょうふじ）	西山（八丈富士）	383	55
にじょうさん（おだけ）	二上山（雄岳）	695	93
にせいかうしゅっぺやま	ニセイカウシュッペ山	30	10
にせこあんぬぷり	ニセコアンヌプリ	99	19
にっただけ	仁田岳	587	81
にのうじだけ	二王子岳	230	36
にのもり	二ノ森	889	116
にべそつやま	ニペソツ山	45	13
にゅうがさやま	入笠山	540	74
にょほうさん	女峰山	253-1	39
にょほうさん＜おおまなごさん＞	女峰山＜大真名子山＞	253-2	39
にょほうさん＜こまなごさん＞	女峰山＜小真名子山＞	253-3	39
にんぎょうやま	人形山	625	85
ぬ			
ぬきさん	貫山	909	118
ぬけどだけ	抜戸岳	484	67
ぬっきべつやま	貫気別山	102	19
ぬのびきやま	布引山	601	82
ね			
ねこまたやま	猫又山	463	64
ねのとまりやま	子ノ泊山	725	96
ねはんだけ	涅槃岳	721	95
の			
のうごうはくさん（ごんげんさん）	能郷白山（権現山）	664	89
のうとりだけ	農鳥岳	557-2	76
のうとりだけ＜にしのうとりだけ＞	農鳥岳＜西農鳥岳＞	557-1	76
のぐちごろうだけ	野口五郎岳	454	63
のけえぼしやま	仰烏帽子山	961	125
のこぎりだけ	鋸岳	399	57
のこぎりだけ	鋸岳	541	74
のこぎりだけ	鋸岳	354	51
のさかだけ	野坂岳	737	97
ののだけやま	箟岳山	196	31
のぶせがだけ	野伏ヶ岳	648	87
のまだけ	野間岳	976	127
のりくらだけ	乗鞍岳	432	61
のりくらだけ＜けんがみね＞	乗鞍岳＜剣ヶ峰＞	514	70
のろさん（ぜんだなやま）	野呂山（膳棚山）	814	106
は			
はいだてさん	佩楯山	947	124

はかせやま	博士山	262	40
はくさん<ごぜんがみね>	白山<御前峰>	644	87
はくさんしゃかだけ	白山釈迦岳	645	87
はくせきさん	白石山	340	49
はぐろさん	羽黒山	215	34
はこだけ	函岳	22	9
はこだてやま	函館山	115	20
はこねやま<かみやま>	箱根山<神山>	372-1	54
はこねやま<きんときざん>	箱根山<金時山>	372-2	54
はしかみだけ（たねいちだけ）	階上岳（種市岳）	130	23
はちがたけ	鉢ヶ岳	430	61
はちぶせやま	鉢伏山	412	58
はちぶせやま	鉢伏山	618	84
はちぶせやま	鉢伏山	772	101
はちまんたい	八幡平	161-1	27
はちまんたい<ちゃうすだけ>	八幡平<茶臼岳>	161-2	27
はちまんたい<もっこだけ>	八幡平<畚岳>	161-3	27
はちまんだけ	八幡岳	116	21
はちもりやま	鉢盛山	516	71
はちろうだけ	八郎岳	940	123
はっかいさん<にゅうどうだけ>	八海山<入道岳>	286	43
はっきょうがだけ	八経ヶ岳	718	95
はっこうさん	八高山	599	82
はっこうださん<おおだけ>	八甲田山<大岳>	151-1	26
はっこうださん<たかだおおだけ>	八甲田山<高田大岳>	151-2	26
はったおまないだけ	ハッタオマナイ岳	63	15
はっとうじさん	八塔寺山	781	102
はなおやま	花尾山	840	109
はなたかせん	鼻高山	787	103
はなちがせん	花知ヶ仙	789	103
はなまがりやま	鼻曲山	313	46
はなみやま	花見山	798	104
はねやま	万年山	924	120
ばふんがだけ	馬糞ヶ岳	832	108
はやちねさん	早池峰山	141	25
はやま	葉山	217	35
はりのきだけ	針ノ木岳	447	62
はるなさん<かもんがたけ>	榛名山<掃部ヶ岳>	314	46
ばんけざん	バンケ山	19	9
はんせいさん	飯盛山	741	98
ばんだいさん	磐梯山	212	34
ばんだがもり	蟠蛇森	900	117
ひ			
ひうちがたけ<しばやすぐら>	燧ヶ岳<柴安嵓>	275	41
ひうちだけ	燧岳	123	23
ひうちだけ	火打岳	193	31
ひうちやま	火打山	402	57
ひえいざん<だいひえい>	比叡山<大比叡>	683	91
びえいだけ	美瑛岳	38	12
ひがしあかいしやま	東赤石山	884	115
ひがしあづまやま	東吾妻	209-1	33
ひがしあづまやま<あづまこふじ>	東吾妻山<吾妻小富士>	209-3	34
ひがしあづまやま<いっさいきょうざん>	東吾妻山<一切経山>	209-3	33
ひがしかわだけ	東川岳	529	73
ひがしさんぼうがもり	東三方ヶ森	858	112
ひがしだけ（わるさわだけ）	東岳（悪沢岳）	576	79
ひがしてんじょうだけ	東天井岳	493	68
ひがしとこのおさん	東床尾山	756	99
ひがしぬぶかうしぬぶり	東ヌプカウシヌプリ	47	13
ひがしみくにやま	東三国山	50	13
ひかみさん	氷上山	147	25
ひこさん	英彦山	912	118
びざん	眉山	860	112
ひしがたけ	菱ヶ岳	395	56
ひじりだけ<まえひじりだけ>	聖岳<前聖岳>	584	80
ひじりやま	聖山	409	58
びっしりさん	ビッシリ山	52	13
ひのきおだけ	檜尾岳	527	73
ひのさん	日野山	657	88
ひのとだけ	丁岳	178	29
びばいろだけ	ビバイロ岳	68	15
ひばやま<えぼしやま>	比婆山<烏帽子山>	802-2	105
ひばやま<たてえぼしやま>	比婆山<立烏帽子山>	802-1	104
ひめかみさん	姫神山	136	24
ひゃくりがだけ	百里ヶ岳	740	98
びやしりやま	ビヤシリ山	23	9
ひやま（てんのうざん）	白山（天王山）	235	37
ひやみずやま	冷水山	732	97
ひょうのせん（すがのせん）	氷ノ山（須賀ノ山）	773	101

びょうぶざん	?風山	662	89
ひらがたけ	平ヶ岳	273	41
ぴりかぬぶり	ピリカヌプリ	80	17
ひるぜん（かみひるぜん>	蒜山<上蒜山>	791	103
ひろごうちだけ	広河内岳	559	77
びんねしり	ピンネシリ	57	14
びんねしりだけ	敏音知岳	21	9
ふ			
ふくちやま	福智山	910	118
ぶこうさん	武甲山	335	49
ふじさん<けんがみね>	富士山<剣ヶ峯>	368	53
ふじしゃがだけ	富士写ヶ岳	654	88
ふじなしやま	藤無山	768	101
ふたがみやま	二上山	621	84
ふたごさん	両子山	920	119
ふたごやま	二子山	320	47
ふたごやま	双児山	544	75
ふたつもり	二ッ森	169	28
ふたつもりやま	二ッ森山	521	72
ふっこしえぼし	吹越烏帽子	126	23
ぶっしょうがだけ	仏生嶽	719	95
ふっぷしだけ	風不死岳	92	18
ふどうがたけ	不動岳	593	81
ふどうだけ	不動岳	450	63
ぶながだけ	武奈ヶ岳	680	91
ふながたやま（ごしょざん）	船形山（御所山）	200	31
ふらのだけ	富良野岳	41	12
ふらのにしだけ	富良野西岳	59	14
ふるそぼさん	古祖母山	952	124
ふるだけ	古岳	984	128
へ			
へいけがだけ	平家岳	660	89
へいけがだけ	平家ヶ岳	831	108
へこさん	部子山	658	88
べっさん	別山	466	65
べっさん	別山	646	87
べてがりだけ	ペテガリ岳	77	16
へらいだけ<みつだけ>	戸来岳　<三ッ岳>	153	26
ほ			
ほうしやま	法師山	734	97
ぼうじゅうさん	房住山	172	28
ほうだつさん	宝達山	620	84
ほうぶつざん	宝仏山	796	104
ほうらいさん	蓬莱山	682	91
ほうらいじさん	鳳来寺山	613	83
ほうりゅうざん	宝立山	617	84
ほこがたけ	鉾ヶ岳	397	57
ほしのこやま	星居山	808	105
ほしやま	星山	797	104
ほたかやま	武尊山	277	42
ほっさかさん	堀坂山	701	93
ほよしだけ	甫与志岳	969	127
ぼろしりだけ	幌尻岳	70	15
ぼろしりやま	幌尻山	18	9
ぼろしりやま	ポロシリ山	54	14
ほろづきやま	母衣月山	106	19
ほろぬぶりざん	ポロヌプリ山	20	9
ほろほろやま	ホロホロ山	94	18
ほんぐうさん	本宮山	614	84
ぼんくとさん	本俱登山	87	17
ほんざん	本山	182	29
ぼんじゅさん	梵珠山	129	23
ほんたにやま	本谷山	569	78
ぼんぼんやま	ポンポン山	747	98
ま			
まえだけ	前岳	988	129
まえほたかだけ	前穂高岳	508	70
まきはたやま	巻機山	290	43
まさごだけ	真砂岳	470	65
まだらおやま	斑尾山	396	57
まひるだけ	真昼岳	185	30
まやさん	摩耶山	219	35
まやさん	摩耶山	759	100
まよいだけ	迷岳	710	94
まるやがただけ	丸屋形岳	127	23
まるやまだけ	丸山岳	271	41
まんたろうさん	万太郎山	294	44
み			
みうね	三嶺	872	114

みうねやま	三峰山	705	94
みかぐらだけ	御神楽岳	278	42
みかぼやま<にしみかぼやま>	御荷鉾山<西御荷鉾山>	319	47
みかみやま	三上山	685	91
みくにやま	三国山	42	12
みじょうがたけ	末丈ヶ岳	284	42
みしょうたいやま	御正体山	363	52
みずがきやま	瑞牆山	326	48
みすごだけ	三巣子岳	135	24
みせん	弥山	717	95
みせん	弥山	847	111
みたけ	三嶽	751	99
みたけ	御岳	992	129
みたけ<おだけ>	御岳<雄岳>	941	123
みつがつじやま	三ヶ辻山	626	85
みつだけ	三ッ岳	453	63
みつとうげやま	三ッ峠山	365	52
みつまたれんげだけ	三俣蓮華岳	460	64
みとうさん	三頭山	348	50
みなこやま	皆子山	681	91
みなみいおうとう	[南硫黄島]	389	56
みなみこまがたけ	南駒ヶ岳	531-1	73
みなみこまがたけ<あかなぎだけ>	南駒ヶ岳<赤梛岳>	531-2	73
みなみさわだけ	南沢岳	451	63
みなみだけ	南岳	504	69
みなみまさごだけ	南真砂岳	455	63
みねのまつめ	峰の松目	418	59
みのぶさん	身延山	603	82
みのわやま	箕輪山	210	34
みはらやま<みはらしんざん>	三原山<三原新山>	378	55
みみなしやま	耳成山	690	92
みむろやま	三室山	774	101
みやつかやま	宮塚山	379	55
みやのうらだけ	宮之浦岳	985	128
みょうぎさん<そうまだけ>	妙義山<相馬岳>	316	46
みょうけんさん	妙見山	748	98
みょうけんやま	妙見山	760	100
みょうけんやま	妙見山	767	101
みょうこうさん	妙高山	403	57
みょうじょうさん	明星山	426	60
みわやま	三輪山	689	92
む			
むいねやま	無意根山	88	17
むかいしらかみだけ	向白神岳	167	28
むかばきやま	行縢山	950	124
むかやま	武華山	32	10
むこうざかやま	向坂山	954	125
むしくらやま	虫倉山	408	58
むりいだけ	武利岳	31	10
むろねさん	室根山	148	25
め			
めあかんだけ	雌阿寒岳	14-1	8
めあかんだけ<あかんふじ>	雌阿寒岳<阿寒富士>	14-2	8
めくんないだけ	目国内岳	98	19
めむろだけ	芽室岳	65	15
も			
もいわやま	藻岩山	84	17
もくぞうやま	杢蔵山	194	31
もことやま	藻琴山	10	8
もっちょむだけ	モッチョム岳	987	129
もとしらねさん	本白根山	307	45
ものみやま	物見山	146	25
もみさわだけ	樅沢岳	482	67
もりやさん	守屋山	539	74
もりよしざん	森吉山	159	27
もろつかやま	諸塚山	953	125
や			
やえだけ	八重岳	999	130
やえやま	八重山	972	127
やおとめやま	八乙女山	633	86
やくしがだけ	薬師ヶ岳	549	75
やくしだけ	薬師岳	142	25
やくしだけ	薬師岳	478	66
やくらいさん	薬?山	199	31
やぐらだけ	櫓岳	983	128
やけいしだけ	焼石岳	187	30
やけだけ	焼岳	510	70
やけやま	焼山	160	27
やけやま	焼山	400	57

やしおやま	八塩山	176	29
やたてやま	矢立山	944	124
やつらやま	八面山	865	113
やはずがせん	矢筈ヶ山	792	103
やはずさん	矢筈山	868	113
やはずだけ	矢筈岳	280	42
やはずだけ	矢筈岳	964	126
やはずやま	矢筈山	853	112
やひこやま	弥彦山	392	56
やみぞさん	八溝山	244	38
やりがたけ	鑓ヶ岳	438	61
やりがたけ	槍ヶ岳	501	69
やんぶし	山伏	605	83
ゆ			
ゆうばりだけ	夕張岳	62	15
ゆうらっぷだけ（けんいちだけ）	遊楽部岳（見市岳）	110	20
ゆきくらだけ	雪倉岳	429	60
ゆづるはさん	諭鶴羽山	761	100
ゆのまるやま	湯ノ丸山	309	46
ゆふだけ（ぶんごふじ）	由布岳（豊後富士）	923	119
ゆみおりだけ	弓折岳	483	67
ゆわんだけ	湯湾岳	995	130
よ			
よいちだけ	余市岳	86	17
ようていざん（えぞふじ）	羊蹄山（蝦夷富士）	100	19
ようろうさん	養老山	671	90
よこあてじま	[横当島]	994	129
よこおやま	横尾山	325	47
よこだけ	横岳	415	59
よこだけ	横岳	420	59
よこつだけ	横津岳	113	20
よこてやま	横手山	305	45
よことおしだけ	横通岳	494	68
よこねやま	横根山	260	40
よつだきやま	四ツ滝山	128	23
よなはだけ	与那覇岳	998	130
よねやま	米山	393	56
よべつだけ	余別岳	95	18
よもぎだけ	蓬田岳	239	37
ら			
らいでんやま	雷電山	97	18
らうすだけ	羅臼岳	5	7
らかんざん	羅漢山	829	108
らっこだけ	楽古岳	81	17
り			
りしりざん（りしりふじ）	利尻山（利尻富士）	17	8
りゅうおうさん	龍王山	810	105
りゅうおうさん	竜王山	843	109
りゅうおうさん	竜王山	855	112
りゅうおうだけ	龍王岳	473-1	65
りゅうおうだけ<じょうどさん>	龍王岳<浄土山>	473-2	65
りゅうがだけ	竜ヶ岳	673	90
りゅうそうざん	竜爪山	609	83
りゅうもんがだけ	竜門岳	707	94
りゅうもんざん	龍門山	726	96
りょうかみさん	両神山	321	47
りょうぜん	霊山	234	36
りょうぜんざん	霊仙山	669	90
れ			
れいさん	霊山	677	91
れぶんだけ	礼文岳	16	8
れんげだけ	蓮華岳	448	63
ろ			
ろっこうさん	六甲山	758	100
ろっこうしざん	六角牛山	144	25
わ			
わいたざん	涌蓋山	925	120
わかくさやま（みかさやま）	若草山（三笠山）	688	92
わがくにさん	吾国山	245	38
わがだけ	和賀岳	184	30
わしがすやま	鷲ヶ巣山	223	35
わしがたけ	鷲ヶ岳	632	86
わしがとうざん	鷲ヶ頭山	846	111
わしだけ	鷲岳	474	66
わしばだけ	鷲羽岳	459	64
わっそうがたけ	鷲走ヶ岳	652	88
わにつかやま	鰐塚山	966	126

索引番号順一覧表

A: 百名山／二百名山／三百名山　B: 活火山

索引番号	ページ	山名		標高m	都道府県	所在地（山地・山脈・高地など）	2万5千分1地形図名	A	B
1	7	知床岳	しれとこだけ	1254	北海道	知床・阿寒	知床岳		
2	7	硫黄山	いおうざん	1562	北海道	知床・阿寒	硫黄山		▲
3	7	知円別岳	ちえんべつだけ	1544	北海道	知床・阿寒	硫黄山		
4	7	サシルイ岳	さしるいだけ	1564	北海道	知床・阿寒	硫黄山		
5	7	羅臼岳	らうすだけ	1661	北海道	知床・阿寒	羅臼	百	▲
6	7	遠音別岳	おんねべつだけ	1330	北海道	知床・阿寒	遠音別岳		
7	7	海別岳	うなべつだけ	1419	北海道	知床・阿寒	海別岳		
8	7	斜里岳	しゃりだけ	1547	北海道	知床・阿寒	斜里岳	百	
9	7	標津岳	しべつだけ	1061	北海道	知床・阿寒	養老牛温泉		
10	8	藻琴山	もことやま	1000	北海道	知床・阿寒	藻琴山		
11	8	アトサヌプリ（硫黄山）	あとさぬぷり（いおうざん）	508	北海道	知床・阿寒	川湯		▲
12	8	カムイヌプリ（摩周岳）	かむいぬぷり（ましゅうだけ）	857	北海道	知床・阿寒	摩周湖南部		▲
13	8	雄阿寒岳	おあかんだけ	1370	北海道	知床・阿寒	雄阿寒岳		▲
14-1	8	雌阿寒岳	めあかんだけ	1499	北海道	知床・阿寒	雌阿寒岳	百	▲
14-2	8	雌阿寒岳＜阿寒富士＞	めあかんだけ＜あかんふじ＞	1476	北海道	知床・阿寒	雌阿寒岳	百	▲
15	8	ウコタキヌプリ	うこたきぬぷり	747	北海道	白糠丘陵	ウコタキヌプリ		
16	8	礼文岳	れぶんだけ	490	北海道	礼文・利尻	礼文岳		
17	8	利尻山（利尻富士）	りしりざん（りしりふじ）	1721	北海道	礼文・利尻	鴛泊	百	▲
18	9	幌尻山	ぽろしりやま	427	北海道	宗谷丘陵	セキタンベツ川		
19	9	バンケ山	ばんけざん	632	北海道	宗谷丘陵	敏音知		
20	9	ポロヌプリ山	ぽろぬぷりざん	841	北海道	北見山地	ポロヌプリ山		
21	9	敏音知岳	びんねしりだけ	703	北海道	北見山地	敏音知		
22	9	函岳	はこだけ	1129	北海道	北見山地	函岳		
23	9	ピヤシリ山	ぴやしりやま	987	北海道	北見山地	ピヤシリ山		
24	9	鬱岳	うつだけ	818	北海道	北見山地	鬱岳		
25	9	ウェンシリ岳	うぇんしりだけ	1142	北海道	北見山地	上札久留		
26	9	渚滑岳	しょこつだけ	1345	北海道	北見山地	渚滑岳		
27	10	天塩岳	てしおだけ	1558	北海道	北見山地	天塩岳	二百	
28	10	チトカニウシ山	ちとかにうしやま	1446	北海道	北見山地	北見峠		
29	10	仁頃山	にころやま	829	北海道	北見山地	花園		
30	10	ニセイカウシュッペ山	にせいかうしゅっぺやま	1883	北海道	石狩山地	万景壁	三百	
31	10	武利岳	むりいだけ	1876	北海道	石狩山地	武利岳		
32	10	武華山	むかやま	1759	北海道	石狩山地	武利岳		
33	10	北見富士	きたみふじ	1291	北海道	石狩山地	富士見		
34-1	10	大雪山＜旭岳＞	たいせつざん＜あさひだけ＞	2291	北海道	石狩山地	旭岳	百	▲
34-2	10	大雪山＜黒岳＞	たいせつざん＜くろだけ＞	1984	北海道	石狩山地	層雲峡		▲
34-3	11	大雪山＜北鎮岳＞	たいせつざん＜ほくちんだけ＞	2244	北海道	石狩山地	層雲峡		▲
34-4	11	大雪山＜愛別岳＞	たいせつざん＜あいべつだけ＞	2113	北海道	石狩山地	愛山渓温泉		▲
34-5	11	大雪山＜白雲岳＞	たいせつざん＜はくうんだけ＞	2230	北海道	石狩山地	白雲岳		▲
35	12	忠別岳	ちゅうべつだけ	1963	北海道	石狩山地	白雲岳		
36	12	トムラウシ山	とむらうしやま	2141	北海道	石狩山地	トムラウシ山	百	
37	12	オプタテシケ山	おぷたてしけやま	2013	北海道	石狩山地	オプタテシケ山	三百	
38	12	美瑛岳	びえいだけ	2052	北海道	石狩山地	白金温泉		
39	12	十勝岳	とかちだけ	2077	北海道	石狩山地	十勝岳	百	▲
40	12	上ホロカメットク山	かみほろかめっとくやま	1920	北海道	石狩山地	十勝岳		
41	12	富良野岳	ふらのだけ	1912	北海道	石狩山地	十勝岳		
42	12	三国山	みくにやま	1541	北海道	石狩山地	石北峠		
43	12	石狩岳	いしかりだけ	1967	北海道	石狩山地	石狩岳	二百	
44	13	音更山	おとふけやま	1932	北海道	石狩山地	石狩岳		
45	13	ニペソツ山	にべそつやま	2013	北海道	石狩山地	ニペソツ山	二百	
46	13	ウペペサンケ山	うぺぺさんけやま	1848	北海道	石狩山地	ウペペサンケ山		
47	13	東ヌプカウシヌプリ	ひがしぬぷかうしぬぷり	1252	北海道	石狩山地	扇ヶ原		
48	13	佐幌岳	さほろだけ	1060	北海道	石狩山地	佐幌岳		
49	13	西クマネシリ岳	にしくまねしりだけ	1635	北海道	石狩山地	十勝三股		
50	13	東三国山	ひがしみくにやま	1230	北海道	石狩山地	東三国山		
51	13	喜登牛山	きとうしやま	1312	北海道	石狩山地	喜登牛山		
52	13	ピッシリ山	ぴっしりざん	1032	北海道	天塩山地	ピッシリ山		
53	14	三頭山	さんとうさん	1009	北海道	天塩山地	三頭山		
54	14	ポロシリ山	ぽろしりやま	730	北海道	天塩山地	ポロシリ山		
55	14	暑寒別岳	しょかんべつだけ	1492	北海道	増毛山地	暑寒別岳	二百	
56	14	群別岳	くんべつだけ	1376	北海道	増毛山地	雄冬		
57	14	ピンネシリ	びんねしり	1100	北海道	増毛山地	ピンネシリ		
58	14	イルムケップ山	いるむけっぷやま	864	北海道	夕張山地	イルムケップ山		
59	14	富良野西岳	ふらのにしだけ	1331	北海道	夕張山地	布部岳		
60	14	芦別岳	あしべつだけ	1726	北海道	夕張山地	芦別岳	二百	
61	14	幾春別岳	いくしゅんべつだけ	1068	北海道	夕張山地	幾春別岳		
62	15	夕張岳	ゆうばりだけ	1668	北海道	夕張山地	夕張岳	二百	
63	15	ハッタオマナイ岳	はったおまないだけ	1021	北海道	夕張山地	胆振福山		
64	15	トマム山	とまむさん	1239	北海道	日高山脈	下トマム		
65	15	芽室岳	めむろだけ	1754	北海道	日高山脈	芽室岳		
66	15	剣山	つるぎやま	1205	北海道	日高山脈	渋山		
67	15	チロロ岳	ちろろだけ	1880	北海道	日高山脈	ピパイロ岳		
68	15	ピパイロ岳	ぴぱいろだけ	1916	北海道	日高山脈	ピパイロ岳		
69	15	戸蔦別岳	とったべつだけ	1959	北海道	日高山脈	幌尻岳		

161

70	15	幌尻岳	ぼろしりだけ	2052	北海道	日高山脈	幌尻岳	百	
71	16	エサオマントッタベツ岳	えさおまんとったべつだけ	1902	北海道	日高山脈	札内岳		
72	16	札内岳	さつないだけ	1895	北海道	日高山脈	札内岳		
73	16	十勝幌尻岳	とかちぽろしりだけ	1846	北海道	日高山脈	札内岳		
74	16	イドンナップ岳	いどんなっぷだけ	1752	北海道	日高山脈	イドンナップ岳		
75	16	カムイエクウチカウシ山	かむいえくうちかうしやま	1979	北海道	日高山脈	札内川上流	二百	
76	16	１８３９峰	いっぱさんきゅうほう	1842	北海道	日高山脈	ヤオロマップ岳		
77	16	ペテガリ岳	べてがりだけ	1736	北海道	日高山脈	ピリガイ山	二百	
78	16	中ノ岳	なかのだけ	1519	北海道	日高山脈	神威岳		
79	16	神威岳	かむいだけ	1600	北海道	日高山脈	神威岳	三百	
80	17	ピリカヌプリ	ぴりかぬぷり	1631	北海道	日高山脈	ピリカヌプリ		
81	17	楽古岳	らっこだけ	1471	北海道	日高山脈	楽古岳		
82	17	豊似岳	とよにだけ	1105	北海道	日高山脈	えりも		
83	17	アポイ岳	あぽいだけ	810	北海道	日高山脈	アポイ岳		
84	17	藻岩山	もいわやま	531	北海道	支笏・洞爺・積丹	札幌		
85	17	手稲山	ていねやま	1023	北海道	支笏・洞爺・積丹	手稲山		
86	17	余市岳	よいちだけ	1488	北海道	支笏・洞爺・積丹	余市岳	三百	
87	17	本倶登山	ぽんくとさん	1009	北海道	支笏・洞爺・積丹	本倶登山		
88	17	無意根山	むいねやま	1464	北海道	支笏・洞爺・積丹	無意根山		
89	18	札幌岳	さっぽろだけ	1293	北海道	支笏・洞爺・積丹	札幌岳		
90	18	空沼岳	そらぬまだけ	1251	北海道	支笏・洞爺・積丹	空沼岳		
91	18	恵庭岳	えにわだけ	1320	北海道	支笏・洞爺・積丹	恵庭岳		▲
92	18	風不死岳	ふっぷしだけ	1102	北海道	支笏・洞爺・積丹	風不死岳		
93	18	樽前山	たるまえさん	1041	北海道	支笏・洞爺・積丹	樽前山	二百	▲
94	18	ホロホロ山	ほろほろやま	1322	北海道	支笏・洞爺・積丹	徳舜瞥山		
95	18	余別岳	よべつだけ	1298	北海道	支笏・洞爺・積丹	余別		
96	18	天狗岳	てんぐだけ	872	北海道	支笏・洞爺・積丹	豊浜		
97	18	雷電山	らいでんやま	1211	北海道	支笏・洞爺・積丹	雷電山		
98	19	目国内岳	めくんないだけ	1220	北海道	支笏・洞爺・積丹	チセヌプリ		
99	19	ニセコアンヌプリ	にせこあんぬぷり	1308	北海道	支笏・洞爺・積丹	ニセコアンヌプリ	三百	▲
100	19	羊蹄山（蝦夷富士）	ようていざん（えぞふじ）	1898	北海道	支笏・洞爺・積丹	羊蹄山	百	▲
101	19	尻別岳	しりべつだけ	1107	北海道	支笏・洞爺・積丹	喜茂別		
102	19	貫気別山	ぬっきべつやま	994	北海道	支笏・洞爺・積丹	留寿都		
103	19	昆布岳	こんぶだけ	1045	北海道	支笏・洞爺・積丹	昆布岳		
104	19	昭和新山	しょうわしんざん	398	北海道	支笏・洞爺・積丹	洞爺湖温泉		
105	19	有珠山＜大有珠＞	うすざん＜おおうす＞	733	北海道	支笏・洞爺・積丹	洞爺湖温泉		▲
106	19	母衣月山	ほろづきやま	504	北海道	渡島半島	寿都		
107	20	大平山	おおびらやま	1191	北海道	渡島半島	大平山		
108	20	狩場山	かりばやま	1520	北海道	渡島半島	狩場山	三百	
109	20	毛無山	けなしやま	816	北海道	渡島半島	後志太田		
110	20	遊楽部岳（見市岳）	ゆうらっぷだけ（けんいちだけ）	1277	北海道	渡島半島	遊楽部岳		
111	20	乙部岳	おとべだけ	1017	北海道	渡島半島	乙部岳		
112	20	駒ヶ岳＜剣ヶ峯＞	こまがたけ＜けんがみね＞	1131	北海道	渡島半島	駒ヶ岳	二百	▲
113	20	横津岳	よこつだけ	1167	北海道	渡島半島	横津岳		
114	20	恵山	えさん	618	北海道	渡島半島	恵山		▲
115	20	函館山	はこだてやま	334	北海道	渡島半島	函館		
116	21	八幡岳	はちまんだけ	665	北海道	渡島半島	江差		
117	21	桂岳	かつらだけ	734	北海道	渡島半島	桂岳		
118	21	七ッ岳	ななつだけ	957	北海道	渡島半島	七ッ岳		
119	21	大千軒岳	だいせんげんだけ	1072	北海道	渡島半島	大千軒岳	三百	
120	21	岩部岳	いわべだけ	794	北海道	渡島半島	千軒		
121	21	神威山	かむいやま	584	北海道	奥尻島	赤石		
122	21	江良岳	えらだけ	732	北海道	渡島大島	渡島大島		▲
123	23	燧岳	ひうちだけ	781	青森県	下北半島	下風呂		
124	23	釜臥山	かまふせやま	878	青森県	下北半島（恐山山地）	恐山		
125	23	桑畑山	くわはたやま	400	青森県	下北半島	尻屋		
126	23	吹越烏帽子	ふっこしえぼし	508	青森県	下北半島	陸奥横浜		
127	23	丸屋形岳	まるやがただけ	718	青森県	津軽半島	大川平		
128	23	四ッ滝山	よつだきやま	670	青森県	津軽半島	増川岳		
129	23	梵珠山	ぼんじゅさん	468	青森県	津軽半島	大釈迦		
130	23	階上岳（種市岳）	はしかみだけ（たねいちだけ）	739	青森県 岩手県	北上高地	階上岳		
131	23	名久井岳	なくいだけ	615	青森県	北上高地	三戸		
132	24	折爪岳	おりつめだけ	852	岩手県	北上高地	陸中軽米		
133	24	安家森	あっかもり	1239	岩手県	北上高地	安家森		
134	24	遠島山	とおしまやま	1262	岩手県	北上高地	端神		
135	24	三巣子岳	みすごだけ	1181	岩手県	北上高地	薮川		
136	24	姫神山	ひめかみさん	1124	岩手県	北上高地	陸中南山形	二百	
137	24	堺ノ神岳	さかいのかみだけ	1319	岩手県	北上高地	和井内		
138	24	害鷹森	がいたかもり	1304	岩手県	北上高地	害鷹森		
139	24	青松葉山	あおまつばやま	1365	岩手県	北上高地	青松葉山		
140	24	峠ノ神山	とうげのかみやま	1229	岩手県	北上高地	峠ノ神山		
141	25	早池峰山	はやちねさん	1917	岩手県	北上高地	早池峰山	百	
142	25	薬師岳	やくしだけ	1645	岩手県	北上高地	早池峰山		
143	25	十二神山	じゅうにしんさん	731	岩手県	北上高地	津軽石		
144	25	六角牛山	ろっこうしさん	1293	岩手県	北上高地	陸中大橋		
145	25	五葉山	ごようさん	1351	岩手県	北上高地	五葉山	三百	
146	25	物見山	ものみやま	870	岩手県	北上高地	種山ヶ原		
147	25	氷上山	ひかみさん	874	岩手県	北上高地	大船渡		
148	25	室根山	むろねさん	895	岩手県	北上高地	折壁		

149	25	徳仙丈山	とくせんじょうやま	710	宮城県	北上高地	津谷川		▲
150	26	金華山	きんかさん	444	宮城県	北上高地	金華山		
151-1	26	八甲田山＜大岳＞	はっこうださん＜おおだけ＞	1585	青森県	奥羽山脈北部（八甲田山とその周辺）	八甲田山	百	▲
151-2	26	八甲田山＜高田大岳＞	はっこうださん＜たかだおおだけ＞	1552	青森県	奥羽山脈北部（八甲田山とその周辺）	八甲田山		▲
152	26	櫛ヶ峯（上岳）	くしがみね＜かみだけ＞	1517	青森県	奥羽山脈北部（八甲田山とその周辺）	酸ヶ湯		
153	26	戸来岳　＜三ッ岳＞	へらいだけ＜みつだけ＞	1159	青森県	奥羽山脈北部（八甲田山とその周辺）	戸来岳		
154	26	白地山	しろじやま	1034	秋田県	奥羽山脈北部（八甲田山とその周辺）	十和田湖西部		
155	26	中岳	なかだけ	1024	秋田県 岩手県	奥羽山脈北部	四角岳		
156	26	稲庭岳	いなにわだけ	1078	岩手県	奥羽山脈北部	稲庭岳		
157	26	五ノ宮嶽	ごのみやだけ	1115	秋田県	奥羽山脈北部	湯瀬		
158	27	七時雨山	ななしぐれやま	1063	岩手県	奥羽山脈北部	七時雨山		
159	27	森吉山	もりよしざん	1454	秋田県	奥羽山脈北部	森吉山	二百	
160	27	焼山	やけやま	1366	秋田県	奥羽山脈北部	八幡平		▲
161-1	27	八幡平	はちまんたい	1613	岩手県	奥羽山脈北部	八幡平	百	▲
161-2	27	八幡平＜茶臼岳＞	はちまんたい＜ちゃうすだけ＞	1578	岩手県	奥羽山脈北部	茶臼岳		▲
161-3	27	八幡平＜畚岳＞	はちまんたい＜もっこだけ＞	1578	岩手県	奥羽山脈北部	八幡平		▲
162	27	大深岳	おおふかだけ	1541	岩手県 秋田県	奥羽山脈北部	松川温泉		
163	27	岩手山	いわてさん	2038	岩手県	奥羽山脈北部	大更	百	▲
164	27	烏帽子岳（乳頭山）	えぼしだけ（にゅうとうざん）	1478	岩手県 秋田県	奥羽山脈北部	秋田駒ヶ岳	三百	
165	28	駒ヶ岳＜男女岳＞	こまがたけ＜おなめだけ＞	1637	秋田県	奥羽山脈北部	秋田駒ヶ岳	二百	▲
166	28	岩木山	いわきさん	1625	青森県	白神山地	岩木山	百	▲
167	28	向白神岳	むかいしらかみだけ	1250	青森県	白神山地	白神岳		
168	28	白神岳	しらかみだけ	1235	青森県	白神山地	白神岳	二百	
169	28	二ッ森	ふたつもり	1086	青森県 秋田県	白神山地	二ッ森		
170	28	駒ヶ岳	こまがたけ	1158	秋田県	白神山地	真名子		
171	28	田代岳	たしろだけ	1178	秋田県	白神山地	田代岳		
172	28	房住山	ぼうじゅうさん	409	秋田県	出羽山地	小又口		
173	28	太平山	たいへいざん	1170	秋田県	出羽山地	太平山	三百	
174	29	大仏岳	だいぶつだけ	1167	秋田県	出羽山地	上桧木内		
175	29	東光山	とうこうさん	594	秋田県	出羽山地	岩野目沢		
176	29	八塩山	やしおやま	713	秋田県	出羽山地	矢島		
177	29	鳥海山＜新山＞	ちょうかいざん＜しんざん＞	2236	山形県	出羽山地	鳥海山	百	▲
178	29	丁岳	ひのとだけ	1146	秋田県 山形県	出羽山地	丁岳		
179	29	甑山＜男甑山＞	こしきやま＜おとここしきやま＞	981	山形県	出羽山地	松ノ木峠		
180	29	[加無山]＜男加無山＞	[かぶやま]＜おかぶやま＞	997	山形県	出羽山地	松ノ木峠		
181	29	寒風山	かんぷうざん	355	秋田県	男鹿半島	寒風山		
182	29	本山	ほんざん	715	秋田県	男鹿半島	船川		
183	30	東根山	あずまねやま	928	岩手県	奥羽山脈中部	南昌山		
184	30	和賀岳	わがだけ	1439	岩手県 秋田県	奥羽山脈中部	北川舟	二百	
185	30	真昼岳	まひるだけ	1059	岩手県 秋田県	奥羽山脈中部	真昼岳		
186	30	黒森	くろもり	944	岩手県	奥羽山脈中部	新町		
187	30	焼石岳	やけいしだけ	1547	岩手県	奥羽山脈中部	焼石岳	二百	
188	30	栗駒山	くりこまやま	1626	岩手県 宮城県	奥羽山脈中部	栗駒山		▲
189	30	高松岳	たかまつだけ	1348	秋田県	奥羽山脈中部	秋ノ宮		
190	30	虎毛山	とらげさん	1433	秋田県	奥羽山脈中部	鬼首峠		
191	30	荒雄岳	あらおだけ	984	宮城県	奥羽山脈中部	鬼首		
192	31	神室山	かむろさん	1365	秋田県 山形県	奥羽山脈中部	鬼首峠	二百	
193	31	火打岳	ひうちだけ	1238	山形県	奥羽山脈中部	神室山		
194	31	杢蔵山	もくぞうやま	1026	山形県	奥羽山脈中部	瀬見		
195	31	禿岳（小鏑山）	かむろだけ（こかぶらやま）	1261	山形県 宮城県	奥羽山脈中部	向町		
196	31	箟岳山	ののだけやま	236	宮城県	奥羽山脈南部	涌谷		
197	31	大高森	おおたかもり	105	宮城県	奥羽山脈南部	小野		
198	31	翁山	おきなやま	1075	山形県	奥羽山脈南部	魚取沼		
199	31	薬莱山	やくらいさん	553	宮城県	奥羽山脈南部	薬莱山		
200	31	船形山（御所山）	ふながたやま（ごしょざん）	1500	宮城県 山形県	奥羽山脈南部	船形山	二百	
201	32	泉ヶ岳	いずみがたけ	1175	宮城県	奥羽山脈南部	定義	三百	
202	32	太白山	たいはくさん	321	宮城県	奥羽山脈南部	仙台西南部		
203	32	大東岳	だいとうだけ	1365	宮城県	奥羽山脈南部	作並		
204-1	32	蔵王山＜熊野岳＞	ざおうざん＜くまのだけ＞	1841	山形県	奥羽山脈南部（蔵王山とその周辺）	蔵王山	百	▲
204-2	32	蔵王山＜刈田岳＞	ざおうざん＜かっただけ＞	1758	宮城県	奥羽山脈南部（蔵王山とその周辺）	蔵王山		▲
204-3	32	蔵王山＜屏風岳＞	ざおうざん＜びょうぶだけ＞	1825	宮城県	奥羽山脈南部（蔵王山とその周辺）	蔵王山		▲
204-4	32	蔵王山＜不忘山（御前岳）＞	ざおうざん＜ふぼうさん（ごぜんだけ）＞	1705	宮城県	奥羽山脈南部（蔵王山とその周辺）	不忘山		
205	33	青麻山	あおそやま	799	宮城県	奥羽山脈南部（蔵王山とその周辺）	白石		
206	33	栗子山	くりこやま	1217	福島県 山形県	奥羽山脈南部（吾妻山とその周辺）	栗子山		
207	33	信夫山	しのぶやま	275	福島県	奥羽山脈南部（吾妻山とその周辺）	福島北部		
208-1	33	西吾妻山	にしあづまやま	2035	福島県 山形県	奥羽山脈南部（吾妻山とその周辺）	吾妻山	百	
208-2	33	西吾妻山＜西大巓＞	にしあづまやま＜にしだいてん＞	1982	山形県 福島県	奥羽山脈南部（吾妻山とその周辺）	吾妻山		
208-3	33	西吾妻山＜東大巓＞	にしあづまやま＜ひがしだいてん＞	1928	福島県 山形県	奥羽山脈南部（吾妻山とその周辺）	天元台		
209-1	33	東吾妻山	ひがしあづまやま	1975	福島県	奥羽山脈南部（吾妻山とその周辺）	吾妻山	百	
209-2	33	東吾妻山＜一切経山＞	ひがしあづまやま＜いっさいきょうざん＞	1949	福島県	奥羽山脈南部（吾妻山とその周辺）	吾妻山	三百	▲
209-3	34	東吾妻山＜吾妻小富士＞	ひがしあづまやま＜あづまこふじ＞	1707	福島県	奥羽山脈南部（吾妻山とその周辺）	土湯温泉		
210	34	箕輪山	みのわやま	1728	福島県	奥羽山脈南部（吾妻山とその周辺）	安達太良山		▲
211-1	34	安達太良山＜鉄山＞	あだたらやま＜てつざん＞	1709	福島県	奥羽山脈南部（吾妻山とその周辺）	安達太良山		▲
211-2	34	安達太良山	あだたらやま	1700	福島県	奥羽山脈南部（吾妻山とその周辺）	安達太良山	百	▲
212	34	磐梯山	ばんだいさん	1816	福島県	奥羽山脈南部（吾妻山とその周辺）	磐梯山	百	▲
213	34	高館山	たかだてやま	273	山形県	朝日山地	湯野浜		
214	34	金峰山	きんぼうさん	471	山形県	朝日山地	鶴岡		
215	34	羽黒山	はぐろさん	414	山形県	朝日山地	羽黒山		
216	34	月山	がっさん	1984	山形県	朝日山地	月山	百	

217	35	葉山	はやま	1462	山形県	朝日山地	葉山		
218	35	温海岳	あつみだけ	736	山形県	朝日山地	山五十川		
219	35	摩耶山	まやさん	1020	山形県	朝日山地	木野俣	三百	
220	35	以東岳	いとうだけ	1772	山形県 新潟県	朝日山地	大鳥池	二百	
221	35	朝日岳＜大朝日岳＞	あさひだけ＜おおあさひだけ＞	1871	山形県	朝日山地	朝日岳	百	
222	35	祝瓶山	いわいがめやま	1417	山形県	朝日山地	羽前葉山	三百	
223	35	鷲ヶ巣山	わしがすやま	1093	新潟県	朝日山地	三面		
224	35	新保岳	しんぼだけ	852	新潟県	朝日山地	蒲萄		
225	35	白鷹山	しらたかやま	994	山形県	朝日山地	白鷹山		
226	36	杁差岳	えぶりさしだけ	1636	新潟県	飯豊山地	えぶり差岳	二百	
227	36	北股岳	きたまただけ	2025	新潟県 山形県	飯豊山地	飯豊山		
228	36	飯豊山	いいでさん	2105	福島県	飯豊山地	飯豊山	百	
229	36	大日岳	だいにちだけ	2128	新潟県	飯豊山地	大日岳		
230	36	二王子岳	にのうじだけ	1420	新潟県	飯豊山地	二王子岳	二百	
231	36	五頭山	ごずさん	912	新潟県	飯豊山地	出湯		
232	36	高陽山	こうようざん	1126	福島県 新潟県	飯豊山地	飯里		
233	36	飯森山	いいもりさん	1595	山形県 福島県	飯豊山地	飯森山		
234	36	霊山	りょうぜん	825	福島県	阿武隈高地	霊山		
235	37	日山（天王山）	ひやま（てんのうさん）	1057	福島県	阿武隈高地	上移		
236	37	鎌倉岳	かまくらだけ	967	福島県	阿武隈高地	常葉		
237	37	大滝根山	おおたきねやま	1192	福島県	阿武隈高地	上大越	三百	
238	37	屹兎屋山	きっとやさん	875	福島県	阿武隈高地	川前		
239	37	蓬田岳	よもぎだけ	952	福島県	阿武隈高地	田母神		
240	37	三大明神山	さんだいみょうじんやま	706	福島県	阿武隈高地	常磐湯本		
241	37	竪破山	たつわれさん	658	茨城県	阿武隈高地	竪破山		
242	37	男体山	なんたいさん	654	茨城県	阿武隈高地	大中宿		
243	37	高鈴山	たかすずやま	623	茨城県	阿武隈高地	町屋		
244	38	八溝山	やみぞさん	1022	茨城県 福島県	八溝山・筑波山	八溝山	三百	
245	38	吾国山	わがくにさん	518	茨城県	八溝山・筑波山	加波山		
246	38	加波山	かばさん	709	茨城県	八溝山・筑波山	加波山		
247	38	筑波山	つくばさん	877	茨城県	八溝山・筑波山	筑波	百	
248	38	三本槍岳	さんぼんやりだけ	1917	福島県 栃木県	那須・日光	那須岳	百	
249	38	那須岳（茶臼岳）	なすだけ（ちゃうすだけ）	1915	栃木県	那須・日光	那須岳	百	▲
250	38	男鹿岳	おがたけ	1777	福島県 栃木県	那須・日光	日留賀岳	三百	
251	38	大佐飛山	おおさびやま	1908	栃木県	那須・日光	日留賀岳		
252	38	高原山＜釈迦ヶ岳＞	たかはらやま＜しゃかがだけ＞	1795	栃木県	那須・日光	高原山	三百	▲
253-1	39	女峰山	にょほうさん	2483	栃木県	那須・日光	日光北部	二百	
253-2	39	女峰山＜大真名子山＞	にょほうさん＜おおまなごさん＞	2376	栃木県	那須・日光	日光北部		
253-3	39	女峰山＜小真名子山＞	にょほうさん＜こまなごさん＞	2323	栃木県	那須・日光	日光北部		
254	39	太郎山	たろうさん	2368	栃木県	那須・日光	男体山	三百	
255	39	男体山	なんたいさん	2486	栃木県	那須・日光	男体山	百	
256	39	白根山	しらねさん	2578	群馬県 栃木県	那須・日光	男体山	百	▲
257	39	皇海山	すかいさん	2144	栃木県 群馬県	那須・日光	皇海山	百	
258	39	庚申山	こうしんざん	1892	栃木県	那須・日光	皇海山		
259	39	袈裟丸山	けさまるやま	1961	栃木県 群馬県	那須・日光	袈裟丸山	三百	
260	40	横根山	よこねやま	1373	栃木県	那須・日光	古峰原		
261-1	40	赤城山＜黒檜山＞	あかぎさん＜くろびさん＞	1828	群馬県	那須・日光	赤城山	百	▲
261-2	40	赤城山＜地蔵岳＞	あかぎさん＜じぞうだけ＞	1674	群馬県	那須・日光	赤城山		▲
262	40	博士山	はかせやま	1482	福島県	南会津・尾瀬	博士山		
263	40	小野岳	おのだけ	1383	福島県	南会津・尾瀬	湯野上		
264	40	七ヶ岳＜一番岳＞	ななつがたけ＜いちばんだけ＞	1636	福島県	南会津・尾瀬	糸沢		
265	40	荒海山（太郎岳）	あらかいやま（たろうだけ）	1581	福島県 栃木県	南会津・尾瀬	荒海山	三百	
266	40	田代山	たしろやま	1971	福島県	南会津・尾瀬	帝釈山		
267	40	帝釈山	たいしゃくさん	2060	福島県 栃木県	南会津・尾瀬	帝釈山	二百	
268	41	黒岩山	くろいわやま	2163	栃木県 群馬県	南会津・尾瀬	川俣温泉		
269	41	鬼怒沼山	きぬぬまやま	2141	栃木県 群馬県	南会津・尾瀬	三平峠		
270	41	朝日岳	あさひだけ	1624	福島県	南会津・尾瀬	会津朝日岳	二百	
271	41	丸山岳	まるやまだけ	1820	福島県	南会津・尾瀬	会津朝日岳		
272	41	駒ヶ岳	こまがたけ	2133	福島県	南会津・尾瀬	会津駒ヶ岳	百	
273	41	平ヶ岳	ひらがたけ	2141	群馬県 新潟県	南会津・尾瀬	尾瀬ヶ原	百	
274	41	景鶴山	けいづるやま	2004	群馬県 新潟県	南会津・尾瀬	尾瀬ヶ原	三百	
275	41	燧ヶ岳＜柴安嵓＞	ひうちがたけ＜しばやすぐら＞	2356	福島県	南会津・尾瀬	燧ヶ岳	百	▲
276	41	至仏山	しぶつさん	2228	群馬県	南会津・尾瀬	至仏山	百	
277	42	武尊山	ほたかやま	2158	群馬県	南会津・尾瀬	鎌田	百	
278	42	御神楽岳	みかぐらだけ	1386	新潟県	越後山脈	御神楽岳	二百	
279	42	粟ヶ岳	あわがたけ	1293	新潟県	越後山脈	粟ヶ岳	三百	
280	42	矢筈岳	やはずだけ	1257	新潟県	越後山脈	室谷		
281	42	守門岳	すもんだけ	1537	新潟県	越後山脈	守門岳	二百	
282	42	浅草岳	あさくさだけ	1585	新潟県 福島県	越後山脈	守門岳	三百	
283	42	毛猛山	けもうやま	1517	福島県 新潟県	越後山脈	毛猛山		
284	42	未丈ヶ岳	みじょうがたけ	1553	新潟県	越後山脈	未丈ヶ岳		
285	42	駒ヶ岳	こまがたけ	2003	新潟県	越後山脈	八海山	百	
286	43	八海山＜入道岳＞	はっかいさん＜にゅうどうだけ＞	1778	新潟県	越後山脈	八海山	二百	
287	43	中ノ岳	なかのだけ	2085	新潟県	越後山脈	兎岳	二百	
288	43	荒沢岳	あらさわだけ	1969	新潟県	越後山脈	奥只見湖	二百	
289	43	下津川山	しもつごうやま	1928	新潟県 群馬県	越後山脈	奥利根湖		
290	43	巻機山	まきはたやま	1967	群馬県 新潟県	越後山脈	巻機山	百	
291	43	大源太山	だいげんたさん	1598	新潟県	越後山脈	茂倉岳		
292-1	43	朝日岳	あさひだけ	1945	群馬県	越後山脈	茂倉岳	三百	

番号		山名	よみ	標高	都道府県	山系	地図名		
292-2	43	朝日岳<白毛門>	あさひだけ<しらがもん>	1720	群馬県	越後山脈	茂倉岳		
293-1	43	谷川岳<茂倉岳>	たにがわだけ<しげくらだけ>	1978	群馬県 新潟県	越後山脈	茂倉岳		
293-2	44	谷川岳<一ノ倉岳>	たにがわだけ<いちのくらだけ>	1974	群馬県 新潟県	越後山脈	茂倉岳		
293-3	44	谷川岳<オキノ耳>	たにがわだけ<おきのみみ>	1977	群馬県 新潟県	越後山脈	茂倉岳	百	
294	44	万太郎山	まんたろうさん	1954	群馬県 新潟県	越後山脈	水上		
295	44	仙ノ倉山	せんのくらやま	2026	群馬県 新潟県	越後山脈	三国峠		
296	44	吾妻耶山	あづまやさん	1341	群馬県	越後山脈	猿ヶ京	二百	
297	44	苗場山	なえばさん	2145	新潟県 長野県	苗場山・白根山・浅間山	苗場山	百	
298	44	佐武流山	さぶりゅうやま	2192	新潟県 長野県	苗場山・白根山・浅間山	佐武流山	二百	
299	44	白砂山	しらすなやま	2140	群馬県 長野県	苗場山・白根山・浅間山	野反湖	二百	
300	44	鳥甲山	とりかぶとやま	2038	長野県	苗場山・白根山・浅間山	鳥甲山	二百	
301	45	高社山（高井富士）	こうしゃさん（たかいふじ）	1351	長野県	苗場山・白根山・浅間山	夜間瀬		
302-1	45	岩菅山<裏岩菅山>	いわすげやま<うらいわすげやま>	2341	長野県	苗場山・白根山・浅間山	岩菅山		
302-2	45	岩菅山	いわすげやま	2295	長野県	苗場山・白根山・浅間山	岩菅山	二百	
303	45	志賀山	しがやま	2037	長野県	苗場山・白根山・浅間山	岩菅山		
304	45	笠ヶ岳	かさがたけ	2076	長野県	苗場山・白根山・浅間山	中野東部	三百	
305	45	横手山	よこてやま	2307	群馬県 長野県	苗場山・白根山・浅間山	上野草津	三百	
306	45	白根山	しらねさん	2160	群馬県	苗場山・白根山・浅間山	上野草津		▲
307	45	本白根山	もとしらねさん	2171	群馬県	苗場山・白根山・浅間山	上野草津	百	
308-1	45	四阿山	あずまやさん	2354	長野県 群馬県	苗場山・白根山・浅間山	四阿山	百	
308-2	46	四阿山<根子岳>	あずまやさん<ねこだけ>	2207	長野県	苗場山・白根山・浅間山	四阿山		
309	46	湯ノ丸山	ゆのまるやま	2101	長野県 群馬県	苗場山・白根山・浅間山	嬬恋田代		
310	46	篭ノ登山<東篭ノ登山>	かごのとやま<ひがしかごのとやま>	2228	長野県 群馬県	苗場山・白根山・浅間山	車坂峠		
311	46	浅間山	あさまやま	2568	長野県 群馬県	苗場山・白根山・浅間山	浅間山	百	▲
312	46	浅間隠山	あさまかくしやま	1757	群馬県	苗場山・白根山・浅間山	浅間隠山	二百	
313	46	鼻曲山	はなまがりやま	1655	群馬県	苗場山・白根山・浅間山	軽井沢		
314	46	榛名山<掃部ヶ岳>	はるなさん<かもんがたけ>	1449	群馬県	苗場山・白根山・浅間山	榛名湖	二百	▲
315	46	子持山	こもちやま	1296	群馬県	苗場山・白根山・浅間山	沼田		
316	46	妙義山<相馬岳>	みょうぎさん<そうまだけ>	1104	群馬県	関東山地	松井田	二百	
317	47	荒船山	あらふねやま	1423	群馬県 長野県	関東山地	荒船山	二百	
318	47	赤久縄山	あかぐなやま	1523	群馬県	関東山地	神ヶ原		
319	47	御荷鉾山<西御荷鉾山>	みかぼやま<にしみかぼやま>	1287	群馬県	関東山地	万場		
320	47	二子山	ふたごやま	1166	埼玉県	関東山地	両神山		
321	47	両神山	りょうかみさん	1723	埼玉県	関東山地	両神山	百	
322	47	御座山	おぐらさん	2112	長野県	関東山地	信濃中島	二百	
323	47	三宝山	さんぽうやま	2483	埼玉県 長野県	関東山地	金峰山		
324	47	甲武信ヶ岳	こぶしがたけ	2475	埼玉県 山梨県 長野県	関東山地	金峰山	百	
325	47	横尾山	よこおやま	1818	山梨県 長野県	関東山地	瑞牆山		
326	48	瑞牆山	みずがきやま	2230	山梨県	関東山地	瑞牆山	百	
327	48	金峰山	きんぷさん	2599	山梨県 長野県	関東山地	金峰山	百	
328	48	朝日岳	あさひだけ	2579	山梨県 長野県	関東山地	金峰山		
329	48	国師ヶ岳	こくしがたけ	2592	山梨県 長野県	関東山地	金峰山	三百	
330	48	北奥千丈岳	きたおくせんじょうだけ	2601	山梨県	関東山地	金峰山		
331	48	乾徳山	けんとくさん	2031	山梨県	関東山地	川浦	二百	
332	48	小楢山	こならやま	1713	山梨県	関東山地	川浦		
333	48	茅ヶ岳	かやがたけ	1704	山梨県	関東山地	茅ヶ岳	二百	
334	48	堂平山	どうだいらさん	876	埼玉県	関東山地	安戸		
335	49	武甲山	ぶこうさん	1304	埼玉県	関東山地	秩父	二百	
336	49	伊豆ヶ岳	いずがたけ	851	埼玉県	関東山地	正丸峠		
337	49	川乗山	かわのりやま	1363	東京都	関東山地	武蔵日原		
338	49	酉谷山	とりだにやま	1718	埼玉県 東京都	関東山地	武蔵日原		
339	49	雲取山	くもとりやま	2017	埼玉県 東京都	関東山地	雲取山	百	
340	49	白石山	はくせきさん	2036	埼玉県	関東山地	雁坂峠	二百	
341	49	唐松尾山	からまつおやま	2109	埼玉県 山梨県	関東山地	雁坂峠		
342	49	大洞山（飛龍山）	おおぼらやま（ひりゅうやま）	2077	埼玉県 山梨県	関東山地	雲取山		
343	49	鶏冠山（黒川山）	けいかんやま（くろかわやま）	1716	山梨県	関東山地	柳沢峠		
344	50	大菩薩嶺	だいぼさつれい	2057	山梨県	関東山地	大菩薩峠	百	
345	50	小金沢山	こがねざわやま	2014	山梨県	関東山地	大菩薩峠		
346	50	雁ケ腹摺山	がんがはらすりやま	1874	山梨県	関東山地	七保		
347-1	50	権現山	ごんげんやま	1312	山梨県	関東山地	上野原		
347-2	50	権現山<扇山>	ごんげんやま<おうぎやま>	1138	山梨県	関東山地	上野原		
348	50	三頭山	みとうさん	1531	東京都	関東山地	猪丸	三百	
349	50	大岳山	おおだけさん	1266	東京都	関東山地	武蔵御岳	二百	
350	50	陣馬山（陣場山）	じんばさん（じんばさん）	855	東京都 神奈川県	関東山地	与瀬		
351	50	高尾山	たかおさん	599	東京都	関東山地	与瀬		
352	51	清澄山<妙見山>	きよすみやま<みょうけんやま>	377	千葉県	房総・三浦	安房小湊		
353	51	鹿野山	かのうざん	379	千葉県	房総・三浦	鹿野山		
354	51	鋸山	のこぎりやま	329	千葉県	房総・三浦	保田		
355	51	富山	とみさん	349	千葉県	房総・三浦	金束		
356	51	伊予ヶ岳	いよがたけ	336	千葉県	房総・三浦	金束		
357	51	愛宕山	あたごやま	408	千葉県	房総・三浦	金束		
358	51	大山	おおやま	193	千葉県	房総・三浦	館山		
359	51	大楠山	おおぐすやま	241	神奈川県	房総・三浦	浦賀		
360	51	大山	おおやま	1252	神奈川県	丹沢山地	大山	二百	
361-1	52	丹沢山<蛭ヶ岳>	たんざわさん<ひるがたけ>	1673	神奈川県	丹沢山地	大山	百	
361-2	52	丹沢山	たんざわさん	1567	神奈川県	丹沢山地	大山	百	
361-3	52	丹沢山<塔ノ岳（塔ヶ岳）>	たんざわさん<とうのだけ（とうがたけ）>	1491	神奈川県	丹沢山地	大山		
362	52	大室山	おおむろやま	1587	神奈川県 山梨県	丹沢山地	大室山		
363	52	御正体山	みしょうたいやま	1681	山梨県	丹沢山地	御正体山	二百	

No.		山名	よみ	標高	都道府県	山域	地図		
364	52	菰釣山	こもつるしやま	1379	神奈川県 山梨県	丹沢山地	御正体山		
365	52	三ッ峠山	みつとうげやま	1785	山梨県	富士山とその周辺	河口湖東部	二百	
366-1	52	黒岳	くろたけ	1793	山梨県	富士山とその周辺	河口湖東部	三百	
366-2	52	黒岳<釈迦ヶ岳>	くろたけ<しゃかがたけ>	1641	山梨県	富士山とその周辺	河口湖西部		
367	53	節刀ヶ岳	せっとうがたけ	1736	山梨県	富士山とその周辺	河口湖西部		
368	53	富士山<剣ヶ峯>	ふじさん<けんがみね>	3776	山梨県 静岡県	富士山とその周辺	富士山	百	▲
369	53	愛鷹山<越前岳>	あしたかやま<えちぜんだけ>	1504	静岡県	富士山とその周辺	愛鷹山	二百	
370	54	毛無山	けなしやま	1964	山梨県 静岡県	富士山とその周辺	人穴	二百	
371	54	天子ヶ岳	てんしがたけ	1330	静岡県	富士山とその周辺	上井出		
372-1	54	箱根山<神山>	はこねやま<かみやま>	1438	神奈川県	箱根山・伊豆半島	箱根	三百	▲
372-2	54	箱根山<金時山>	はこねやま<きんときざん>	1212	静岡県 神奈川県	箱根山・伊豆半島	関本	三百	▲
373	54	玄岳	くろたけ	798	静岡県	箱根山・伊豆半島	網代		
374	54	大室山	おおむろやま	580	静岡県	箱根山・伊豆半島	天城山		▲
375	54	天城山<万三郎岳>	あまぎさん<ばんざぶろうだけ>	1406	静岡県	箱根山・伊豆半島	天城山	百	
376	54	達磨山	だるまやま	982	静岡県	箱根山・伊豆半島	達磨山		
377	54	長九郎山	ちょうくろうやま	996	静岡県	箱根山・伊豆半島	仁科		
378	55	三原山<三原新山>	みはらやま<みはらしんざん>	758	東京都	伊豆諸島（大島）	大島南部		▲
379	55	宮塚山	みやつかやま	508	東京都	伊豆諸島（利島）	利島		▲
380	55	天上山	てんじょうさん	572	東京都	伊豆諸島（神津島）	神津島		▲
381	55	雄山	おやま	775	東京都	伊豆諸島（三宅島）	三宅島		▲
382	55	御山	おやま	851	東京都	伊豆諸島（御蔵島）	御蔵島		▲
383	55	西山（八丈富士）	にしやま（はちじょうふじ）	854	東京都	伊豆諸島（八丈島）	八丈島		▲
384	55	硫黄山	いおうやま	394	東京都	伊豆諸島（鳥島）	鳥島		▲
385	55	中央山	ちゅうおうざん	320	東京都	小笠原諸島（父島）	父島		
386	55	乳房山	ちぶさやま	463	東京都	小笠原諸島（母島）	母島北部		
387	56	榊ヶ峰	さかきがみね	792	東京都	小笠原諸島（北硫黄島）	北硫黄島		
388	56	摺鉢山（パイプ山）	すりばちやま（ぱいぷやま）	170	東京都	小笠原諸島（硫黄島）	硫黄島		▲
389	56	[南硫黄島]	[みなみいおうとう]	916	東京都	小笠原諸島（南硫黄島）	南硫黄島		
390	56	金北山	きんぽくさん	1172	新潟県	佐渡	金北山	三百	
391	56	大地山	おおじやま	646	新潟県	佐渡	畑野		
392	56	弥彦山	やひこやま	634	新潟県	東頸城丘陵	弥彦		
393	56	米山	よねやま	993	新潟県	東頸城丘陵	柿崎	三百	
394	56	黒姫山	くろひめさん	891	新潟県	東頸城丘陵	石黒		
395	56	菱ヶ岳	ひしがたけ	1129	新潟県	東頸城丘陵	柳島		
396	57	斑尾山	まだらおやま	1382	長野県	東頸城丘陵	飯山	三百	
397	57	鉾ヶ岳	ほこがたけ	1316	新潟県	妙高山とその周辺	槙		
398	57	駒ヶ岳	こまがたけ	1498	新潟県	妙高山とその周辺	越後大野		
399	57	鋸岳	のこぎりだけ	1631	新潟県	妙高山とその周辺（海谷山地）	越後大野		
400	57	焼山	やけやま	2400	新潟県	妙高山とその周辺	湯川内	三百	▲
401	57	雨飾山	あまかざりやま	1963	新潟県 長野県	妙高山とその周辺	雨飾山	百	
402	57	火打山	ひうちやま	2462	新潟県	妙高山とその周辺	湯川内	百	
403	57	妙高山	みょうこうさん	2454	新潟県	妙高山とその周辺	妙高山	百	▲
404	57	黒姫山	くろひめやま	2053	長野県	妙高山とその周辺	信濃柏原	二百	
405	58	高妻山	たかつまやま	2353	新潟県 長野県	妙高山とその周辺	高妻山	百	
406	58	戸隠山	とがくしやま	1904	長野県	妙高山とその周辺	高妻山	二百	
407	58	飯縄山（飯綱山）	いいづなやま（いいづなやま）	1917	長野県	妙高山とその周辺	若槻	二百	
408	58	虫倉山	むしくらやま	1378	長野県	妙高山とその周辺	信濃中条		
409	58	聖山	ひじりやま	1447	長野県	筑摩山地	麻績		
410	58	冠着山（姨捨山）	かむりきやま（おばすてやま）	1252	長野県	筑摩山地	麻績		
411	58	美ヶ原<王ヶ頭>	うつくしがはら<おうがとう>	2034	長野県	筑摩山地	山辺	百	
412	58	鉢伏山	はちぶせやま	1929	長野県	筑摩山地	鉢伏山	三百	
413	58	霧ヶ峰<車山>	きりがみね<くるまやま>	1925	長野県	霧ヶ峰・八ヶ岳	霧ヶ峰	百	
414	59	蓼科山	たてしなやま	2531	長野県	霧ヶ峰・八ヶ岳	蓼科山	百	
415	59	横岳	よこだけ	2480	長野県	霧ヶ峰・八ヶ岳	蓼科山		▲
416	59	縞枯山	しまがれやま	2403	長野県	霧ヶ峰・八ヶ岳	蓼科		
417	59	天狗岳	てんぐだけ	2646	長野県	霧ヶ峰・八ヶ岳	蓼科	二百	
418	59	峰の松目	みねのまつめ	2568	長野県	霧ヶ峰・八ヶ岳	八ヶ岳西部		
419	59	硫黄岳	いおうだけ	2760	長野県	霧ヶ峰・八ヶ岳	八ヶ岳西部		
420	59	横岳	よこだけ	2829	長野県	霧ヶ峰・八ヶ岳	八ヶ岳東部		
421	59	赤岳	あかだけ	2899	長野県 山梨県	霧ヶ峰・八ヶ岳	八ヶ岳西部	百	
422	59	阿弥陀岳	あみだだけ	2805	長野県	霧ヶ峰・八ヶ岳	八ヶ岳西部		
423-1	60	権現岳	ごんげんだけ	2715	山梨県	霧ヶ峰・八ヶ岳	八ヶ岳西部		
423-2	60	権現岳<西岳>	ごんげんだけ<にしだけ>	2398	長野県	霧ヶ峰・八ヶ岳	八ヶ岳西部		
423-3	60	権現岳<三ッ頭>	ごんげんだけ<みつがしら>	2580	山梨県	霧ヶ峰・八ヶ岳	八ヶ岳西部		
424	60	編笠山	あみがさやま	2524	山梨県 長野県	霧ヶ峰・八ヶ岳	八ヶ岳西部		
425	60	黒姫山	くろひめやま	1221	新潟県	飛彈山脈北部	小滝	三百	
426	60	明星山	みょうじょうさん	1188	新潟県	飛彈山脈北部	小滝		
427	60	犬ヶ岳	いぬがだけ	1592	新潟県 富山県	飛彈山脈北部	小川温泉		
428	60	朝日岳	あさひだけ	2418	新潟県 富山県	飛彈山脈北部	黒薙温泉	三百	
429	60	雪倉岳	ゆきくらだけ	2611	新潟県 富山県	飛彈山脈北部	白馬岳	二百	
430	61	鉢ヶ岳	はちがたけ	2563	新潟県 富山県	飛彈山脈北部	白馬岳		
431	61	小蓮華山	これんげさん	2766	新潟県 長野県	飛彈山脈北部	白馬岳		
432	61	乗鞍岳	のりくらだけ	2469	新潟県 長野県	飛彈山脈北部	白馬岳		
433	61	風吹岳	かざふきだけ	1888	長野県	飛彈山脈北部	白馬岳		
434	61	白馬岳	しろうまだけ	2932	富山県 長野県	飛彈山脈北部	白馬岳	百	
435	61	旭岳	あさひだけ	2867	富山県	飛彈山脈北部	黒薙温泉		
436	61	清水岳	しょうずだけ	2603	富山県	飛彈山脈北部	黒薙温泉		
437	61	杓子岳	しゃくしだけ	2812	富山県 長野県	飛彈山脈北部	白馬町		
438	61	鑓ヶ岳	やりがたけ	2903	富山県 長野県	飛彈山脈北部	白馬町		

439	62	唐松岳	からまつだけ	2696	富山県 長野県	飛騨山脈北部	白馬町	三百	
440	62	五龍岳	ごりゅうだけ	2814	富山県	飛騨山脈北部	神城	百	
441	62	鹿島槍ヶ岳	かしまやりがたけ	2889	富山県 長野県	飛騨山脈北部	神城	百	
442	62	爺ヶ岳	じいがたけ	2670	富山県 長野県	飛騨山脈北部	大町	三百	
443	62	岩小屋沢岳	いわごやさわだけ	2630	富山県 長野県	飛騨山脈北部	黒部湖		
444	62	鳴沢岳	なるさわだけ	2641	富山県 長野県	飛騨山脈北部	黒部湖		
445	62	赤沢岳	あかざわだけ	2678	富山県 長野県	飛騨山脈北部	黒部湖		
446	62	スバリ岳	すばりだけ	2752	富山県 長野県	飛騨山脈北部	黒部湖		
447	62	針ノ木岳	はりのきだけ	2821	富山県 長野県	飛騨山脈北部	黒部湖	二百	
448	63	蓮華岳	れんげだけ	2799	富山県 長野県	飛騨山脈北部	黒部湖	三百	
449	63	北葛岳	きたくずだけ	2551	富山県 長野県	飛騨山脈北部	黒部湖		
450	63	不動岳	ふどうだけ	2601	富山県 長野県	飛騨山脈北部	烏帽子岳		
451	63	南沢岳	みなみさわだけ	2626	富山県 長野県	飛騨山脈北部	烏帽子岳		
452	63	烏帽子岳	えぼしだけ	2628	富山県 長野県	飛騨山脈北部	烏帽子岳	二百	
453	63	三ツ岳	みつだけ	2845	富山県 長野県	飛騨山脈北部	烏帽子岳		
454	63	野口五郎岳	のぐちごろうだけ	2924	富山県 長野県	飛騨山脈北部	烏帽子岳	三百	
455	63	南真砂岳	みなみまさごだけ	2713	長野県	飛騨山脈北部	槍ヶ岳		
456	63	赤牛岳	あかうしだけ	2864	富山県	飛騨山脈北部	薬師岳	二百	
457	64	水晶岳（黒岳）	すいしょうだけ（くろだけ）	2986	富山県	飛騨山脈北部	薬師岳	百	
458	64	祖父岳	じいだけ	2825	富山県	飛騨山脈北部	三俣蓮華岳		
459	64	鷲羽岳	わしばだけ	2924	富山県 長野県	飛騨山脈北部	三俣蓮華岳	百	
460	64	三俣蓮華岳	みつまたれんげだけ	2841	富山県 岐阜県 長野県	飛騨山脈北部	三俣蓮華岳	三百	
461	64	僧ヶ岳	そうがだけ	1855	富山県	飛騨山脈北部	宇奈月		
462	64	毛勝山	けかつやま	2415	富山県	飛騨山脈北部	毛勝山	二百	
463	64	猫又山	ねこまたやま	2378	富山県	飛騨山脈北部	毛勝山		
464	64	池平山	いけのだいらやま	2561	富山県	飛騨山脈北部	十字峡		
465	64	剱岳	つるぎだけ	2999	富山県	飛騨山脈北部	剱岳	百	
466	65	別山	べっさん	2880	富山県	飛騨山脈北部	剱岳		
467	65	剱御前	つるぎごぜん	2777	富山県	飛騨山脈北部	剱岳		
468	65	奥大日岳	おくだいにちだけ	2611	富山県	飛騨山脈北部	剱岳	二百	
469	65	大日岳	だいにちだけ	2501	富山県	飛騨山脈北部	剱岳		
470	65	真砂岳	まさごだけ	2861	富山県	飛騨山脈北部	黒部湖		
471	65	立山＜大汝山＞	たてやま＜おおなんじやま＞	3015	富山県	飛騨山脈北部	立山	百	
472	65	国見岳	くにみだけ	2621	富山県	飛騨山脈北部	立山		▲
473-1	65	龍王岳	りゅうおうだけ	2872	富山県	飛騨山脈北部	立山		
473-2	65	龍王岳＜浄土山＞	りゅうおうだけ＜じょうどさん＞	2831	富山県	飛騨山脈北部	立山		
474	66	鷲岳	わしだけ	2617	富山県	飛騨山脈北部	立山		
475	66	鳶山	とんびやま	2616	富山県	飛騨山脈北部	立山		
476	66	越中沢岳	えっちゅうさわだけ	2592	富山県	飛騨山脈北部	立山		
477	66	鍬崎山	くわさきやま	2090	富山県	飛騨山脈北部	小見	三百	
478	66	薬師岳	やくしだけ	2926	富山県	飛騨山脈北部	薬師岳	百	
479	66	北ノ俣岳（上ノ岳）	きたのまただけ（かみのだけ）	2662	富山県 岐阜県	飛騨山脈北部	薬師岳		
480	67	黒部五郎岳（中ノ俣岳）	くろべごろうだけ（なかのまただけ）	2840	富山県 岐阜県	飛騨山脈北部	三俣蓮華岳	百	
481	67	双六岳	すごろくだけ	2860	長野県 岐阜県	飛騨山脈北部	三俣蓮華岳		
482	67	樅沢岳	もみさわだけ	2755	長野県 岐阜県	飛騨山脈北部	三俣蓮華岳		
483	67	弓折岳	ゆみおりだけ	2592	岐阜県	飛騨山脈北部	三俣蓮華岳		
484	67	抜戸岳	ぬけどだけ	2813	岐阜県	飛騨山脈北部	笠ヶ岳		
485	67	笠ヶ岳	かさがたけ	2898	岐阜県	飛騨山脈北部	笠ヶ岳	百	
486	67	錫杖岳	しゃくじょうだけ	2168	岐阜県	飛騨山脈北部	笠ヶ岳		
487	67	硫黄岳	いおうだけ	2554	長野県	飛騨山脈北部	槍ヶ岳		
488	67	唐沢岳	からさわだけ	2633	長野県	飛騨山脈北部	烏帽子岳		
489	68	餓鬼岳	がきだけ	2647	長野県	飛騨山脈北部	烏帽子岳	二百	
490	68	燕岳	つばくろだけ	2763	長野県	飛騨山脈北部	槍ヶ岳	二百	
491	68	有明山	ありあけやま	2268	長野県	飛騨山脈北部	有明	二百	
492	68	大天井岳	だいてんじょうだけ	2922	長野県	飛騨山脈南部	槍ヶ岳	二百	
493	68	東天井岳	ひがしてんじょうだけ	2814	長野県	飛騨山脈南部	槍ヶ岳		
494	68	横通岳	よことおしだけ	2767	長野県	飛騨山脈南部	槍ヶ岳		
495	68	常念岳	じょうねんだけ	2857	長野県	飛騨山脈南部	穂高岳	百	
496	68	蝶ヶ岳	ちょうがたけ	2677	長野県	飛騨山脈南部	穂高岳		
497	68	大滝山	おおたきやま	2616	長野県	飛騨山脈南部	穂高岳		
498	69	赤岩岳	あかいわだけ	2769	長野県	飛騨山脈南部	槍ヶ岳		
499	69	西岳	にしだけ	2758	長野県	飛騨山脈南部	槍ヶ岳		
500	69	赤沢山	あかさわやま	2670	長野県	飛騨山脈南部	穂高岳		
501	69	槍ヶ岳	やりがたけ	3180	長野県	飛騨山脈南部	槍ヶ岳	百	
502	69	大喰岳	おおばみだけ	3101	長野県 岐阜県	飛騨山脈南部	穂高岳		
503	69	中岳	なかだけ	3084	長野県 岐阜県	飛騨山脈南部	穂高岳		
504	69	南岳	みなみだけ	3033	長野県 岐阜県	飛騨山脈南部	穂高岳		
505	69	北穂高岳	きたほたかだけ	3106	長野県 岐阜県	飛騨山脈南部	穂高岳		
506	69	涸沢岳	からさわだけ	3110	長野県 岐阜県	飛騨山脈南部	穂高岳		
507	70	奥穂高岳	おくほたかだけ	3190	長野県 岐阜県	飛騨山脈南部	穂高岳	百	
508	70	前穂高岳	まえほたかだけ	3090	長野県	飛騨山脈南部	穂高岳		
509	70	西穂高岳	にしほたかだけ	2909	長野県 岐阜県	飛騨山脈南部	穂高岳		
510	70	焼岳	やけだけ	2455	長野県 岐阜県	飛騨山脈南部	焼岳	百	▲
511	70	霞沢岳	かすみざわだけ	2646	長野県	飛騨山脈南部	上高地	二百	
512	70	十石山	じゅっこくやま	2525	長野県 岐阜県	飛騨山脈南部	乗鞍岳		
513	70	輝山	てらしやま	2063	岐阜県	飛騨山脈南部	焼岳		
514	70	乗鞍岳＜剣ヶ峰＞	のりくらだけ＜けんがみね＞	3026	岐阜県 長野県	飛騨山脈南部	乗鞍岳	百	▲
515	70	鎌ヶ峰	かまがみね	2121	長野県 岐阜県	飛騨山脈南部	野麦		
516	71	鉢盛山	はちもりやま	2447	長野県	飛騨山脈南部	贄川	三百	

517	71	御嶽山<剣ヶ峰>	おんたけ<けんがみね>	3067	長野県	御嶽山とその周辺	御嶽山	百	▲
518	71	小秀山	こひでやま	1982	長野県 岐阜県	御嶽山とその周辺	滝越	二百	
519	72	奥三界岳	おくさんがいだけ	1811	岐阜県 長野県	御嶽山とその周辺	奥三界岳	三百	
520	72	尾城山	おしろやま	1133	岐阜県	御嶽山とその周辺	小和知		
521	72	二ッ森山	ふたつもりやま	1223	岐阜県	御嶽山とその周辺	美濃福岡		
522	72	経ヶ岳	きょうがたけ	2296	長野県	木曽山脈	宮ノ越	二百	
523	72	大棚入山	おおだないりやま	2375	長野県	木曽山脈	宮ノ越		
524-1	72	将棊頭山	しょうぎがしらやま	2730	長野県	木曽山脈	木曽駒ヶ岳		
524-2	72	将棊頭山<茶臼山>	しょうぎがしらやま<ちゃうすやま>	2658	長野県	木曽山脈	木曽駒ヶ岳		
525-1	72	駒ヶ岳	こまがたけ	2956	長野県	木曽山脈	木曽駒ヶ岳	百	
525-2	72	駒ヶ岳<宝剣岳>	こまがたけ<ほうけんだけ>	2931	長野県	木曽山脈	木曽駒ヶ岳		
525-3	73	駒ヶ岳<麦草岳>	こまがたけ<むぎくさだけ>	2733	長野県	木曽山脈	木曽駒ヶ岳		
526	73	三沢岳	さんのさわだけ	2847	長野県	木曽山脈	木曽駒ヶ岳		
527	73	檜尾岳	ひのきおだけ	2728	長野県	木曽山脈	空木岳		
528	73	熊沢岳	くまざわだけ	2778	長野県	木曽山脈	空木岳		
529	73	東川岳	ひがしかわだけ	2671	長野県	木曽山脈	空木岳		
530	73	空木岳	うつぎだけ	2864	長野県	木曽山脈	空木岳	百	
531-1	73	南駒ヶ岳	みなみこまがたけ	2841	長野県	木曽山脈	空木岳	二百	
531-2	73	南駒ヶ岳<赤梛岳>	みなみこまがたけ<あかなぎだけ>	2798	長野県	木曽山脈	空木岳		
532	73	仙涯嶺	せんがいれい	2734	長野県	木曽山脈	空木岳		
533	74	越百山	こすもやま	2614	長野県	木曽山脈	空木岳	三百	
534	74	安平路山	あんぺいじやま	2363	長野県	木曽山脈	安平路山	二百	
535	74	摺古木山	すりこぎやま	2169	長野県	木曽山脈	安平路山		
536	74	南木曽岳	なぎそだけ	1679	長野県	木曽山脈	南木曽岳	三百	
537	74	風越山（権現山）	かざこしやま（ごんげんやま）	1535	長野県	木曽山脈	飯田		
538	74	恵那山	えなさん	2191	長野県 岐阜県	木曽山脈	中津川	百	
539	74	守屋山	もりやさん	1651	長野県	赤石山脈北部	辰野		
540	74	入笠山	にゅうがさやま	1955	長野県	赤石山脈北部	信濃富士見	三百	
541	74	鋸岳	のこぎりだけ	2685	山梨県 長野県	赤石山脈北部	甲斐駒ケ岳	二百	
542	75	駒ヶ岳	こまがたけ	2967	山梨県 長野県	赤石山脈北部	甲斐駒ケ岳	百	
543	75	駒津峰	こまつみね	2752	山梨県 長野県	赤石山脈北部	甲斐駒ケ岳		
544	75	双児峰	ふたごやま	2649	山梨県 長野県	赤石山脈北部	仙丈ケ岳		
545-1	75	アサヨ峰	あさよみね	2799	山梨県	赤石山脈北部	仙丈ケ岳	三百	
545-2	75	アサヨ峰<栗沢山>	あさよみね<くりさわやま>	2714	山梨県	赤石山脈北部	仙丈ケ岳		
546	75	高嶺	たかみね	2779	山梨県	赤石山脈北部	鳳凰山		
547	75	地蔵ヶ岳	じぞうがたけ	2764	山梨県	赤石山脈北部（鳳凰山）	鳳凰山		
548	75	観音ヶ岳	かんのんがだけ	2841	山梨県	赤石山脈北部（鳳凰山）	鳳凰山	百	
549	75	薬師ヶ岳	やくしがだけ	2780	山梨県	赤石山脈北部（鳳凰山）	鳳凰山		
550	76	辻山	つじやま	2585	山梨県	赤石山脈北部	鳳凰山		
551	76	櫛形山	くしがたやま	2052	山梨県	赤石山脈北部	夜叉神峠	二百	
552	76	仙丈ヶ岳	せんじょうがたけ	3033	山梨県 長野県	赤石山脈北部	仙丈ケ岳	百	
553	76	伊那荒倉岳	いなあらくらだけ	2519	山梨県 長野県	赤石山脈北部	仙丈ケ岳		
554	76	小太郎山	こたろうやま	2725	山梨県	赤石山脈北部	仙丈ケ岳		
555	76	北岳	きただけ	3193	山梨県	赤石山脈北部（白根山）	仙丈ケ岳	百	
556	76	間ノ岳	あいのだけ	3190	山梨県 静岡県	赤石山脈北部（白根山）	間ノ岳	百	
557-1	76	農鳥岳<西農鳥岳>	のうとりだけ<にしのうとりだけ>	3051	山梨県 静岡県	赤石山脈北部（白根山）	間ノ岳		
557-2	76	農鳥岳	のうとりだけ	3026	山梨県 静岡県	赤石山脈北部（白根山）	間ノ岳	二百	
558	77	大唐松山	おおからまつやま	2561	山梨県	赤石山脈北部	夜叉神峠		
559	77	広河内岳	ひろごうちだけ	2895	山梨県 静岡県	赤石山脈北部	間ノ岳		
560	77	大籠岳	おおかごだけ	2767	山梨県 静岡県	赤石山脈北部	間ノ岳		
561	78	笹山	ささやま	2733	山梨県 静岡県	赤石山脈北部	塩見岳		
562	78	黒檜山	くろべいやま	2541	長野県	赤石山脈北部	間ノ岳		
563	78	安倍荒倉岳	あべあらくらだけ	2693	長野県 静岡県	赤石山脈北部	間ノ岳		
564	78	新蛇抜山	しんじゃぬけやま	2667	長野県 静岡県	赤石山脈北部	間ノ岳		
565	78	北荒川岳	きたあらかわだけ	2698	長野県	赤石山脈北部	間ノ岳		
566	78	塩見岳	しおみだけ	3047	長野県 静岡県	赤石山脈北部	塩見岳	百	
567	78	蝙蝠岳	こうもりだけ	2865	静岡県	赤石山脈北部	塩見岳		
568	78	徳右衛門岳	とくえもんだけ	2599	静岡県	赤石山脈北部	塩見岳		
569	78	本谷山	ほんたにやま	2658	長野県 静岡県	赤石山脈北部	塩見岳		
570	79	戸倉山（伊那富士）	とくらやま（いなふじ）	1681	長野県	赤石山脈北部	市野瀬		
571	79	烏帽子岳	えぼしだけ	2726	長野県 静岡県	赤石山脈南部	塩見岳		
572	79	小河内岳	こごうちだけ	2802	長野県 静岡県	赤石山脈南部	塩見岳		
573	79	小日影山	こひかげやま	2506	長野県	赤石山脈南部	塩見岳		
574	79	大日影山	おおひかげやま	2573	長野県 静岡県	赤石山脈南部	塩見岳		
575	79	板屋岳	いたやだけ	2646	長野県 静岡県	赤石山脈南部	塩見岳		
576	79	東岳（悪沢岳）	ひがしだけ（わるさわだけ）	3141	静岡県	赤石山脈南部	赤石岳	百	
577-1	79	荒川岳<中岳>	あらかわだけ<なかだけ>	3084	静岡県	赤石山脈南部	赤石岳		
577-2	79	荒川岳<前岳>	あらかわだけ<まえだけ>	3068	長野県 静岡県	赤石山脈南部	赤石岳		
578	80	赤石岳	あかいしだけ	3121	長野県 静岡県	赤石山脈南部	赤石岳	百	
579	80	奥茶臼山	おくちゃうすやま	2474	長野県	赤石山脈南部	大沢岳	三百	
580	80	鬼面山	きめんざん	1890	長野県	赤石山脈南部	上久堅		
581	80	大沢岳	おおさわだけ	2820	長野県 静岡県	赤石山脈南部	大沢岳		
582	80	中盛丸山	なかもりまるやま	2807	長野県 静岡県	赤石山脈南部	赤石岳		
583	80	兎岳	うさぎだけ	2818	長野県 静岡県	赤石山脈南部	大沢岳		
584	80	聖岳<前聖岳>	ひじりだけ<まえひじりだけ>	3013	長野県 静岡県	赤石山脈南部	赤石岳	百	
585	80	上河内岳	かみこうちだけ	2803	静岡県	赤石山脈南部	上河内岳	二百	
586	80	茶臼岳	ちゃうすだけ	2604	長野県 静岡県	赤石山脈南部	上河内岳	三百	
587	81	仁田岳	にっただけ	2524	静岡県	赤石山脈南部	上河内岳		
588	81	光岳	てかりだけ	2592	静岡県 長野県	赤石山脈南部	光岳	百	

589	81	池口岳	いけぐちだけ	2392	長野県 静岡県	赤石山脈南部	池口岳	二百	
590	81	白倉山	しらくらやま	1851	長野県 静岡県	赤石山脈南部	伊那和田		
591	81	熊伏山	くまぶしやま	1654	長野県	赤石山脈南部	伊那和田	三百	
592	81	大無間山	だいむげんざん	2330	静岡県	赤石山脈南部	畑薙湖	二百	
593	81	不動岳	ふどうがたけ	2172	静岡県	赤石山脈南部	寸又峡温泉		
594	81	黒法師岳	くろぼうしがたけ	2068	静岡県	赤石山脈南部	寸又峡温泉	三百	
595	81	蕎麦粒山	そばつぶやま	1627	静岡県	赤石山脈南部	蕎麦粒山		
596	82	高塚山	たかつかやま	1621	静岡県	赤石山脈南部	蕎麦粒山	三百	
597	82	京丸山	きょうまるやま	1470	静岡県	赤石山脈南部	門桁		
598	82	秋葉山	あきはさん	885	静岡県	赤石山脈南部	秋葉山		
599	82	八高山	はっこうさん	832	静岡県	赤石山脈南部	八高山		
600	82	笊ヶ岳	ざるがたけ	2629	山梨県 静岡県	赤石山脈南部	新倉	二百	
601	82	布引山	ぬのびきやま	2584	山梨県 静岡県	赤石山脈南部	七面山		
602	82	青薙山	あおなぎやま	2406	静岡県	赤石山脈南部	上河内岳		
603	82	身延山	みのぶさん	1153	山梨県	身延山地	身延		
604	82	七面山	しちめんざん	1989	山梨県	身延山地	七面山	二百	
605	83	山伏	やんぶし	2013	山梨県 静岡県	身延山地	梅ヶ島	三百	
606	83	十枚山	じゅうまいざん	1726	静岡県 山梨県	身延山地	南部		
607	83	篠井山	しのいさん	1394	山梨県	身延山地	篠井山		
608	83	[高ドッキョウ]	[たかどっきょう]	1133	山梨県 静岡県	身延山地	篠井山		
609	83	竜爪山	りゅうそうざん	1051	静岡県	身延山地	和田島		
610	83	久能山	くのうざん	216	静岡県	身延山地	静岡東部		
611	83	茶臼山	ちゃうすやま	1416	長野県 愛知県	美濃・三河高原	茶臼山		
612	83	鷹ノ巣山	たかのすやま	1153	愛知県	美濃・三河高原	寧比曽岳		
613	83	鳳来寺山	ほうらいじさん	695	愛知県	美濃・三河高原	三河大野		
614	84	本宮山	ほんぐうさん	789	愛知県	美濃・三河高原	新城		
615	84	猿投山	さなげやま	629	愛知県	美濃・三河高原	猿投山		
616	84	金華山	きんかざん	329	岐阜県	美濃・三河高原	岐阜北部		
617	84	宝立山	ほうりゅうざん	471	石川県	能登半島	宝立山		
618	84	鉢伏山	はちぶせやま	544	石川県	能登半島	輪島		
619	84	石動山	せきどうさん	564	石川県	宝達丘陵	能登二宮		
620	84	宝達山	ほうだつさん	637	石川県	宝達丘陵	宝達山		
621	84	二上山	ふたがみやま	274	富山県	宝達丘陵	伏木		
622	84	牛岳	うしだけ	987	富山県	飛彈高地	山田温泉		
623	85	白木峰	しらきみね	1596	富山県 岐阜県	飛彈高地	白木峰	三百	
624	85	金剛堂山	こんごうどうざん	1650	富山県	飛彈高地	白木峰	二百	
625	85	人形山	にんぎょうやま	1726	岐阜県 富山県	飛彈高地	上梨	三百	
626	85	三ヶ辻山	みつがつじやま	1764	岐阜県	飛彈高地	上梨		
627	85	猿ヶ馬場山	さるがばばやま	1875	岐阜県	飛彈高地	平瀬	三百	
628	85	御前岳	ごぜんだけ	1816	岐阜県	飛彈高地	平瀬		
629	85	大雨見山	おおあまみやま	1336	岐阜県	飛彈高地	船津		
630	85	位山	くらいやま	1529	岐阜県	飛彈高地	位山	二百	
631	85	川上岳	かおれだけ	1625	岐阜県	飛彈高地	位山	三百	
632	86	鷲ヶ岳	わしがたけ	1671	岐阜県	飛彈高地	大鷲	三百	
633	86	八乙女山	やおとめやま	756	富山県	白山山地	城端		
634	86	高清水山	たかしょうずやま	1145	富山県	白山山地	下梨		
635	86	医王山<奥医王山>	いおうぜん<おくいおうぜん>	939	富山県 石川県	白山山地	福光	三百	
636	86	口三方岳	くちさんぼうだけ	1269	石川県	白山山地	口直海		
637	86	高三郎山	たかさぶろうやま	1445	石川県	白山山地	西赤尾		
638	86	大門山	だいもんざん	1572	富山県 石川県	白山山地	西赤尾	三百	
639	86	大笠山	おおがさやま	1822	富山県 石川県	白山山地	中宮温泉	三百	
640	86	笈ヶ岳	おいずるがだけ	1841	富山県 石川県 岐阜県	白山山地	中宮温泉	二百	
641	87	三方岩岳	さんぼういわだけ	1736	石川県 岐阜県	白山山地	中宮温泉	三百	
642	87	三方崩山	さんぼうくずれやま	2059	岐阜県	白山山地	新岩間温泉		
643	87	七倉山	ななくらやま	2557	石川県	白山山地	新岩間温泉		
644	87	白山<御前峰>	はくさん<ごぜんがみね>	2702	石川県 岐阜県	白山山地	白山	百	▲
645	87	白山釈迦岳	はくさんしゃかだけ	2053	石川県	白山山地	加賀市ノ瀬		
646	87	別山	べっさん	2399	石川県 岐阜県	白山山地	白山		
647	87	願教寺山	がんきょうじやま	1691	福井県 岐阜県	白山山地	願教寺山		
648	87	野伏ヶ岳	のぶせがだけ	1674	岐阜県 福井県	白山山地	石徹白	三百	
649	87	大日ヶ岳	だいにちがたけ	1709	岐阜県	白山山地	願教寺山	二百	
650	88	赤兎山	あかうさぎやま	1629	福井県 石川県	白山山地	願教寺山		
651	88	経ヶ岳	きょうがだけ	1625	福井県	白山山地	越前勝山	三百	
652	88	鷲走ヶ岳	わっそうがたけ	1097	石川県	白山山地	尾小屋		
653	88	大日山	だいにちざん	1368	石川県	白山山地	龍谷		
654	88	富士写ヶ岳	ふじしゃがだけ	942	石川県	白山山地	越前中川		
655	88	浄法寺山	じょうほうじやま	1053	福井県	白山山地	龍谷		
656	88	国見岳	くにみだけ	656	福井県	越美・伊吹山地	越前蒲生		
657	88	日野山	ひのさん	794	福井県	越美・伊吹山地	武生		
658	88	部子山	へこさん	1464	福井県	越美・伊吹山地	宝慶寺		
659	89	荒島岳	あらしまだけ	1523	福井県	越美・伊吹山地	荒島岳	百	
660	89	平家岳	へいけがたけ	1442	福井県	越美・伊吹山地	平家岳		
661	89	高賀山	こうがさん	1224	岐阜県	越美・伊吹山地	上ヶ瀬		
662	89	屏風山	びょうぶざん	1354	福井県 岐阜県	越美・伊吹山地	平家岳		
663	89	姥ヶ岳	うばがたけ	1454	福井県	越美・伊吹山地	能郷白山		
664	89	能郷白山（権現山）	のうごうはくさん（ごんげんさん）	1617	岐阜県	越美・伊吹山地	能郷白山	二百	
665	89	冠山	かんむりやま	1257	福井県 岐阜県	越美・伊吹山地	冠山	三百	
666	89	三周ヶ岳	さんしゅうがたけ	1292	岐阜県	越美・伊吹山地	広野		
667	89	金糞岳	かなくそだけ	1317	岐阜県 滋賀県	越美・伊吹山地	近江川合		

668	90	伊吹山	いぶきやま	1377	滋賀県	越美・伊吹山地	関ヶ原	百	
669	90	霊仙山	りょうぜんざん	1094	滋賀県	鈴鹿・布引山地	霊仙山		
670	90	笙ヶ岳	しょうがだけ	908	岐阜県	鈴鹿・布引山地	養老		
671	90	養老山	ようろうさん	859	岐阜県	鈴鹿・布引山地	養老		
672	90	御池岳	おいけだけ	1247	滋賀県	鈴鹿・布引山地	篠立		
673	90	竜ヶ岳	りゅうがだけ	1099	滋賀県 三重県	鈴鹿・布引山地	竜ヶ岳		
674	90	御在所山	ございしょやま	1212	滋賀県 三重県	鈴鹿・布引山地	御在所山	二百	
675	90	雨乞岳	あまごいだけ	1238	滋賀県	鈴鹿・布引山地	御在所山		
676	90	高畑山	たかはたやま	773	三重県 滋賀県	鈴鹿・布引山地	鈴鹿峠		
677	91	霊山	れいさん	766	三重県	鈴鹿・布引山地	平松		
678	91	経が峰	きょうがみね	819	三重県	鈴鹿・布引山地	椋本		
679	91	笠取山	かさとりやま	842	三重県	鈴鹿・布引山地	佐田		
680	91	武奈ヶ岳	ぶながだけ	1214	滋賀県	琵琶湖周辺	北小松	二百	
681	91	皆子山	みなこやま	971	京都府 滋賀県	琵琶湖周辺	花脊		
682	91	蓬莱山	ほうらいさん	1174	滋賀県	琵琶湖周辺	比良山	三百	
683	91	比叡山＜大比叡＞	ひえいざん＜だいひえい＞	848	滋賀県 京都府	琵琶湖周辺	京都東北部	三百	
684	91	音羽山	おとわやま	593	京都府	琵琶湖周辺	京都東南部		
685	91	三上山	みかみやま	432	滋賀県	琵琶湖周辺	野洲		
686	92	鷲峰山	じゅうぶさん	682	京都府	笠置山地	笠置山		
687	92	笠置山	かさぎやま	324	京都府	笠置山地	柳生		
688	92	若草山（三笠山）	わかくさやま（みかさやま）	342	奈良県	笠置山地	奈良		
689	92	三輪山	みわやま	467	奈良県	笠置山地	桜井		
690	92	耳成山	みみなしやま	139	奈良県	奈良盆地	桜井		
691	92	天香久山	あまのかぐやま	152	奈良県	奈良盆地	畝傍山		
692	92	畝傍山	うねびやま	199	奈良県	奈良盆地	畝傍山		
693	92	生駒山	いこまやま	642	大阪府 奈良県	生駒・金剛・和泉山地	生駒山		
694	92	信貴山	しぎさん	437	奈良県	生駒・金剛・和泉山地	信貴山		
695	93	二上山（雄岳）	にじょうさん（おだけ）	517	奈良県	生駒・金剛・和泉山地	大和高田		
696	93	葛城山	かつらぎさん	959	奈良県 大阪府	生駒・金剛・和泉山地	御所	三百	
697	93	金剛山	こんごうさん	1125	奈良県	生駒・金剛・和泉山地	五條	二百	
698	93	岩湧山	いわわきさん	897	大阪府	生駒・金剛・和泉山地	岩湧山		
699	93	葛城山	かつらぎさん	858	大阪府 和歌山県	生駒・金剛・和泉山地	内畑		
700	93	俎石山	そせきざん	420	和歌山県 大阪府	生駒・金剛・和泉山地	淡輪		
701	93	堀坂山	ほっさかさん	757	三重県	高見山地	大河内		
702	93	尼ヶ岳	あまがだけ	957	三重県	高見山地	倶留尊山		
703	93	倶留尊山	くろそやま	1037	三重県 奈良県	高見山地	倶留尊山	三百	
704	94	局ヶ岳	つぼねがだけ	1029	三重県	高見山地	宮前		
705	94	三峰山	みうねやま	1235	三重県 奈良県	高見山地	菅野	三百	
706	94	高見山	たかみやま	1248	三重県 奈良県	高見山地	高見山	三百	
707	94	竜門岳	りゅうもんがだけ	904	奈良県	高見山地	古市場	三百	
708	94	朝熊ヶ岳	あさまがたけ	555	三重県	紀伊山地東部	鳥羽		
709	94	七洞岳	ななほらがたけ	778	三重県	紀伊山地東部	脇出		
710	94	迷岳	まよいだけ	1309	三重県	紀伊山地東部（大台原山とその周辺）	七日市		
711	94	国見山	くにみやま	1419	三重県 奈良県	紀伊山地東部（大台原山とその周辺）	大豆生		
712	94	池木屋山	いけごややま	1396	三重県 奈良県	紀伊山地東部（大台原山とその周辺）	宮川貯水池		
713	95	白鬚岳	しらひげだけ	1378	奈良県	紀伊山地東部（大台原山とその周辺）	大和柏木		
714	95	大台ヶ原山＜日出ヶ岳＞	おおだいがはらさん＜ひのでがたけ＞	1695	奈良県 三重県	紀伊山地東部（大台原山とその周辺）	大台ヶ原山	百	
715	95	山上ヶ岳	さんじょうがたけ	1719	奈良県	紀伊山地東部（大峰山脈）	弥山		
716	95	大普賢岳	だいふげんだけ	1780	奈良県	紀伊山地東部（大峰山脈）	弥山		
717	95	弥山	みせん	1895	奈良県	紀伊山地東部（大峰山脈）	弥山		
718	95	八経ヶ岳	はっきょうがだけ	1915	奈良県	紀伊山地東部（大峰山脈）	弥山	百	
719	95	仏生嶽	ぶっしょうがだけ	1805	奈良県	紀伊山地東部（大峰山脈）	釈迦ヶ岳		
720	95	釈迦ヶ岳	しゃかがだけ	1800	奈良県	紀伊山地東部（大峰山脈）	釈迦ヶ岳	二百	
721	95	涅槃岳	ねはんだけ	1376	奈良県	紀伊山地東部（大峰山脈）	池原		
722	96	笠捨山	かさすてやま	1353	奈良県	紀伊山地東部（大峰山脈）	大沼		
723	96	玉置山	たまきやま	1077	奈良県	紀伊山地東部（大峰山脈）	十津川温泉		
724	96	高峰山	たかみねさん	1045	三重県	紀伊山地東部	尾鷲		
725	96	子ノ泊山	ねのとまりやま	907	三重県	紀伊山地東部	大里		
726	96	龍門山	りゅうもんざん	756	和歌山県	紀伊山地西部	龍門山		
727	96	生石ヶ峰	おいしがみね	870	和歌山県	紀伊山地西部	動木		
728	96	白馬山	しらまやま	957	和歌山県	紀伊山地西部	紀伊清水		
729	96	伯母子岳	おばこだけ	1344	奈良県	紀伊山地西部	伯母子岳	二百	
730	96	護摩壇山	ごまだんざん	1372	奈良県 和歌山県	紀伊山地西部	護摩壇山	三百	
731	97	牛廻山	うしまわしやま	1207	奈良県 和歌山県	紀伊山地西部	重里		
732	97	冷水山	ひやみずやま	1262	奈良県	紀伊山地西部	発心門		
733	97	大塔山	おおとうさん	1122	和歌山県	紀伊山地西部	木守		
734	97	法師山	ほうしやま	1121	和歌山県	紀伊山地西部	木守		
735	97	那智山　＜烏帽子山＞	なちさん＜えぼしやま＞	910	和歌山県	紀伊山地西部	新宮		
736	97	善司ノ森山	ぜんじのもりやま	591	和歌山県	紀伊山地西部	市鹿野		
737	97	野坂岳	のさかだけ	913	福井県	丹波高地	敦賀		
738	97	雲谷山	くもだにやま	786	福井県	丹波高地	三方		
739	97	久須夜ヶ岳	くすやがだけ	619	福井県	丹波高地	鋸崎		
740	98	百里ヶ岳	ひゃくりがだけ	931	福井県 滋賀県	丹波高地	古屋		
741	98	飯盛山	はんせいざん	584	福井県	丹波高地	小浜		
742	98	青葉山	あおばやま	693	福井県	丹波高地	青葉山		
743	98	頭巾山	とうきんざん	871	福井県 京都府	丹波高地	口坂本		
744	98	長老ヶ岳	ちょうろうがだけ	917	京都府	丹波高地	和知		
745	98	桟敷ヶ岳	さじきがだけ	896	京都府	丹波高地	周山		
746	98	愛宕山	あたごやま	924	京都府	丹波高地	京都西北部	三百	

747	98	ポンポン山	ぽんぽんやま	679	京都府 大阪府	丹波高地	京都西南部		
748	98	妙見山	みょうけんさん	660	大阪府 兵庫県	丹波高地	妙見山		
749	99	歌垣山	うたがきやま	553	大阪府	丹波高地	妙見山		
750	99	剣尾山	けんびさん	784	大阪府	丹波高地	埴生		
751	99	三嶽	みたけ	793	兵庫県	丹波高地	宮田		
752	99	白髪岳	しらがだけ	722	兵庫県	丹波高地	篠山		
753	99	太鼓山	たいこやま	683	京都府	丹波高地	丹後平		
754	99	磯砂山	いさなごさん	661	京都府	丹波高地	四辻		
755	99	大江山（千丈ヶ嶽）	おおえやま（せんじょうがたけ）	832	京都府	丹波高地	大江山		
756	99	東床尾山	ひがしとこのおさん	839	兵庫県	丹波高地	出石		
757	99	来日岳	くるひだけ	567	兵庫県	丹波高地	城崎		
758	100	六甲山	ろっこうさん	931	兵庫県	六甲山地	宝塚	三百	
759	100	摩耶山	まやさん	702	兵庫県	六甲山地	神戸首部		
760	100	妙見山	みょうけんやま	522	兵庫県	淡路島	志筑		
761	100	諭鶴羽山	ゆづるはさん	608	兵庫県	淡路島	諭鶴羽山		
762	100	粟鹿山	あわがやま	962	兵庫県	中国山地東部	矢名瀬		
763	100	千ヶ峰	せんがみね	1005	兵庫県	中国山地東部	丹波和田		
764	100	笠形山	かさがたやま	939	兵庫県	中国山地東部	粟賀町		
765	100	久斗山	くとやま	650	兵庫県	中国山地東部	余部		
766	100	蘇武岳	そぶがたけ	1074	兵庫県	中国山地東部	栃本		
767	101	妙見山	みょうけんやま	1139	兵庫県	中国山地東部	関宮		
768	101	藤無山	ふじなしやま	1139	兵庫県	中国山地東部	戸倉峠		
769	101	段ヶ峰	だんがみね	1103	兵庫県	中国山地東部	神子畑		
770	101	雪彦山	せっぴこさん	915	兵庫県	中国山地東部	寺前		
771	101	扇ノ山	おうぎのせん	1310	鳥取県	中国山地東部	扇ノ山	三百	
772	101	鉢伏山	はちぶせやま	1222	兵庫県	中国山地東部	氷ノ山		
773	101	氷ノ山（須賀ノ山）	ひょうのせん（すがのせん）	1510	兵庫県 鳥取県	中国山地東部	氷ノ山	二百	
774	101	三室山	みむろやま	1358	兵庫県 鳥取県	中国山地東部	西河内		
775	101	東山	とうせん	1388	鳥取県	中国山地東部	岩屋堂		
776	102	沖ノ山	おきのやま	1318	鳥取県	中国山地東部	坂根		
777	102	後山	うしろやま	1344	岡山県 兵庫県	中国山地東部	西河内		
778	102	那岐山	なぎさん	1255	鳥取県 岡山県	中国山地東部	大背	三百	
779	102	書写山	しょしゃざん	371	兵庫県	吉備高原東部	姫路北部		
780	102	白旗山	しらはたやま	440	兵庫県	吉備高原東部	二木		
781	102	八塔寺山	はっとうじさん	538	岡山県	吉備高原東部	上月		
782	102	金山	かなやま	499	岡山県	吉備高原東部	岡山北部		
783	102	大平山	おおひらやま	698	岡山県	吉備高原東部	有漢市場		
784	102	大満寺山	だいまんじさん	608	島根県	隠岐	布施		
785	103	焼火山	たくひやま	452	島根県	隠岐	浦郷		
786	103	朝日山	あさひやま	344	島根県	島根半島	恵曇		
787	103	鼻高山	はなたかせん	536	島根県	島根半島	出雲今市		
788	103	高鉢山	たかはちやま	1203	鳥取県	中国山地中部	岩坪		
789	103	花知ヶ仙	はなちがせん	1247	岡山県	中国山地中部	上斎原		
790	103	津黒山	つぐろせん	1118	岡山県	中国山地中部	富西谷		
791	103	蒜山＜上蒜山＞	ひるぜん（かみひるぜん＞	1202	鳥取県 岡山県	中国山地中部	蒜山	二百	
792	103	矢筈ヶ山	やはずがせん	1358	鳥取県	中国山地中部	伯耆大山		
793	103	大山＜剣ヶ峰＞	だいせん（けんがみね＞	1729	鳥取県	中国山地中部	伯耆大山	百	
794	104	烏ヶ山	からすがせん	1448	鳥取県	中国山地中部	伯耆大山		
795	104	毛無山	けなしがせん	1219	鳥取県 岡山県	中国山地中部	美作新庄		
796	104	宝仏山	ほうぶつざん	1005	鳥取県	中国山地中部	根雨		
797	104	星山	ほしやま	1030	岡山県	中国山地中部	横部		
798	104	花見山	はなみやま	1188	鳥取県 岡山県	中国山地中部	千屋実		
799	104	大倉山	おおくらやま	1112	鳥取県	中国山地中部	上石見		
800	104	船通山	せんつうざん	1142	島根県 鳥取県	中国山地中部	多里		
801	104	道後山	どうごやま	1271	広島県 鳥取県	中国山地中部	道後山	三百	
802-1	104	比婆山＜立烏帽子山＞	ひばやま＜たてえぼしやま＞	1299	広島県	中国山地中部	比婆山		
802-2	105	比婆山＜烏帽子山＞	ひばやま＜えぼしやま＞	1225	広島県 島根県	中国山地中部	比婆山		
803	105	猿政山	さるまさやま	1268	島根県 広島県	中国山地中部	比婆新市		
804	105	大万木山	おおよろぎやま	1218	島根県 広島県	中国山地中部	出雲吉田		
805	105	琴引山（弥山）	ことびきやま（みせん）	1013	島根県	中国山地中部	頓原		
806	105	三瓶山＜男三瓶山＞	さんべさん＜おさんべさん＞	1126	島根県	中国山地中部	三瓶山西部	二百	▲
807	105	大江高山	おおえたかやま	808	島根県	中国山地中部	大家		
808	105	星居山	ほしのこやま	834	広島県	吉備高原西部	高蓋		
809	105	岳山	だけやま	741	広島県	吉備高原西部	木野山		
810	105	龍王山	りゅうおうざん	665	広島県	吉備高原西部	垣内		
811	106	鷹ノ巣山	たかのすざん	922	広島県	吉備高原西部	井原市		
812	106	白木山	しらきやま	889	広島県	吉備高原西部	可部		
813	106	呉娑々宇山	ごさそうざん	682	広島県	吉備高原西部	中深川		
814	106	野呂山（膳棚山）	のろさん（ぜんだなやま）	839	広島県	吉備高原西部	安芸内海		
815	106	冠山	かんざん	863	島根県	中国山地西部	出羽		
816	106	阿佐山	あさやま	1218	島根県 広島県	中国山地西部	大朝		
817	106	天狗石山	てんぐいしやま	1192	島根県 広島県	中国山地西部	石見坂本		
818	106	雲月山	うんげつやま	911	島根県 広島県	中国山地西部	波佐		
819	106	大佐山	おおさやま	1069	島根県 広島県	中国山地西部	臥龍山		
820	107	臥龍山	がりゅうざん	1223	広島県	中国山地西部	臥龍山		
821	107	深入山	しんにゅうざん	1153	広島県	中国山地西部	三段峡		
822	107	恐羅漢山	おそらかんざん	1346	島根県 広島県	中国山地西部	三段峡		
823	107	十方山	じっぽうざん	1328	広島県	中国山地西部	戸河内		
824	107	大峯山	おおみねやま	1050	広島県	中国山地西部	津田		

825	107	冠山	かんむりやま	1339	広島県	中国山地西部	安芸冠山			
826	107	寂地山	じゃくちさん	1337	山口県 島根県	中国山地西部	安芸冠山			
827	107	安蔵寺山	あぞうじやま	1263	島根県	中国山地西部	安蔵寺山			
828	107	小五郎山	こごろうやま	1162	山口県	中国山地西部	宇佐郷			
829	108	羅漢山	らかんざん	1109	山口県	中国山地西部	宇佐郷			
830	108	鈴ノ大谷山	すずのおおたにやま	1036	島根県	中国山地西部	椛谷			
831	108	平家ヶ岳	へいけがだけ	1066	島根県 山口県	中国山地西部	周防広瀬			
832	108	馬糞ヶ岳	ばふんがだけ	985	山口県	中国山地西部	周防須万			
833	108	莇ヶ岳	あざみがだけ	1004	山口県	中国山地西部	莇ヶ岳			
834	108	青野山	あおのやま	907	島根県	中国山地西部	津和野			
835	108	十種ヶ峰	とくさがみね	989	山口県 島根県	中国山地西部	十種ヶ峰			
836	108	高山	こうやま	533	山口県	中国山地西部	須佐			
837	108	西鳳翩山	にしほうべんざん	742	山口県	中国山地西部	山口			
838	109	大平山	おおひらやま	631	山口県	中国山地西部	福川			
839	109	桂木山	かつらぎさん	702	山口県	中国山地西部	秋吉台北部			
840	109	花尾山	はなおやま	669	山口県	中国山地西部	長門湯本			
841	109	天井ヶ岳	てんじょうがだけ	691	山口県	中国山地西部	俵山			
842	109	狗留孫山（御岳）	くるそんざん（おだけ）	616	山口県	中国山地西部	小串			
843	109	竜王山	りゅうおうざん	614	山口県	中国山地西部	安岡			
844	111	嶮岨山＜星ヶ城山＞	けんそざん＜ほしがじょうやま＞	816	香川県	瀬戸内海（小豆島）	寒霞渓			
845	111	熊ヶ峰	くまがみね	438	広島県	瀬戸内海（福山南部）	福山西部			
846	111	鷲ヶ頭山	わしがとうざん	436	愛媛県	瀬戸内海（大三島）	木浦			
847	111	弥山	みせん	535	広島県	瀬戸内海（厳島）	厳島			
848	111	皇座山	おおざさん	526	山口県	瀬戸内海（柳井市南方）	阿月			
849	111	五剣山（八栗山）	ごけんざん（やくりやま）	375	香川県	讃岐山地とその周辺	五剣山			
850	111	大平山	おおひらやま	479	香川県	讃岐山地とその周辺	白峰山			
851	111	飯野山（讃岐富士）	いいのやま（さぬきふじ）	422	香川県	讃岐山地とその周辺	丸亀			
852	111	象頭山＜大麻山＞	ぞうずさん＜おおさやま＞	616	香川県	讃岐山地とその周辺	善通寺			
853	112	矢筈山	やはずやま	789	香川県	讃岐山地とその周辺	鹿庭			
854	112	大滝山	おおたきやま	946	香川県 徳島県	讃岐山地とその周辺	西赤谷			
855	112	竜王山	りゅうおうざん	1060	徳島県 香川県	讃岐山地とその周辺	讃岐塩江			
856	112	大川山	だいせんざん	1043	徳島県 香川県	讃岐山地とその周辺	内田			
857	112	雲辺寺山	うんぺんじさん	927	香川県 徳島県	讃岐山地とその周辺	讃岐豊浜			
858	112	東三方ヶ森	ひがしさんぼうがもり	1233	愛媛県	高縄山地	東三方ヶ森			
859	112	高縄山	たかなわさん	986	愛媛県	高縄山地	伊予北条			
860	112	眉山	びざん	290	徳島県	四国山地東部	徳島			
861	112	中津峰山	なかつみねやま	773	徳島県	四国山地東部	立江			
862	113	太竜寺山	たいりゅうじやま	618	徳島県	四国山地東部	馬場			
863	113	高越山	こうつざん	1133	徳島県	四国山地東部（剣山地）	脇町			
864	113	雲早山	くもそうやま	1496	徳島県	四国山地東部（剣山地）	雲早山			
865	113	八面山	やつらやま	1312	徳島県	四国山地東部（剣山地）	阿波古見			
866-1	113	剣山	つるぎさん	1955	徳島県	四国山地東部（剣山地）	剣山	百		
866-2	113	剣山＜丸笹山＞	つるぎさん＜まるささやま＞	1712	徳島県	四国山地東部（剣山地）	剣山			
867	113	塔丸	とうのまる	1713	徳島県	四国山地東部（剣山地）	剣山			
868	113	矢筈山	やはずさん	1849	徳島県	四国山地東部（剣山地）	阿波中津			
869	113	中津山	なかつさん	1447	徳島県	四国山地東部（剣山地）	阿波川口			
870	114	国見山	くにみざん	1409	徳島県	四国山地東部（剣山地）	大歩危			
871	114	天狗塚	てんぐづか	1812	徳島県	四国山地東部（剣山地）	久保沼井			
872	114	三嶺	みうね	1894	徳島県 高知県	四国山地東部（剣山地）	京上		二百	
873	114	白髪山	しらがやま	1770	高知県	四国山地東部（剣山地）	久保沼井			
874	114	石立山	いしたてさん	1708	高知県 高知県	四国山地東部（剣山地）	北川			
875	114	梶ヶ森	かじがもり	1400	高知県	四国山地東部	東土居			
876	114	甚吉森	じんきちもり	1423	徳島県 高知県	四国山地東部	赤城尾山			
877	114	天狗森	てんぐもり	1296	高知県	四国山地東部	土佐魚梁瀬			
878	114	鐘ヶ龍森	かねがりゅうもり	1126	高知県	四国山地東部	馬路			
879	115	工石山	くいしやま	1516	高知県	四国山地西部	佐々連尾山			
880	115	白髪山	しらがやま	1469	高知県	四国山地西部	本山			
881	115	稲叢山	いなむらやま	1506	高知県	四国山地西部	日比原			
882	115	工石山	くいしやま	1177	高知県	四国山地西部	土佐山			
883	115	赤星山	あかぼしやま	1453	愛媛県	四国山地西部（石鎚山地）	弟地			
884	115	東赤石山	ひがしあかいしやま	1706	愛媛県	四国山地西部（石鎚山地）	弟地		二百	
885	115	笹ヶ峰	ささがみね	1860	愛媛県 高知県	四国山地西部（石鎚山地）	日ノ浦		二百	
886	115	伊予富士	いよふじ	1756	愛媛県 高知県	四国山地西部（石鎚山地）	日ノ浦			三百
887	115	瓶ヶ森	かめがもり	1897	愛媛県	四国山地西部（石鎚山地）	瓶ヶ森			三百
888	116	石鎚山（天狗岳）	いしづちさん（てんぐだけ）	1982	愛媛県	四国山地西部（石鎚山地）	石鎚山	百		
889	116	二ノ森	にのもり	1930	愛媛県	四国山地西部（石鎚山地）	石鎚山			
890	116	筒上山	つつじょうざん	1860	愛媛県 高知県	四国山地西部（石鎚山地）	筒上山			
891	116	石墨山	いしずみさん	1456	愛媛県	四国山地西部	石墨山			
892	116	障子山	しょうじやま	885	愛媛県	四国山地西部	砥部			
893	116	壺神山	つぼがみやま	971	愛媛県	四国山地西部	串			
894	116	出石山	いずしやま	812	愛媛県	四国山地西部	出海			
895	116	神南山	かんなんさん	710	愛媛県	四国山地西部	内子			
896	116	御在所山	ございしょざん	915	愛媛県	四国山地西部	土居			
897	117	笠取山	かさとりやま	1562	愛媛県	四国山地西部	笠取山			
898	117	中津山（明神山）	なかつさん（みょうじんさん）	1541	愛媛県 高知県	四国山地西部	柳井川			
899	117	不入山	いらずやま	1336	高知県	四国山地西部	王在家			
900	117	蟠蛇森	ばんだがもり	770	高知県	四国山地西部	佐川			
901	117	鈴が森	すずがもり	1054	高知県	四国山地西部	新田			
902	117	五在所ノ峯	ございしょのみね	658	高知県	四国山地西部	窪川			

903	117	堂が森	どうがもり	857	高知県	四国山地西部	大用		
904	117	高月山	たかつきやま	1229	愛媛県	四国山地西部	松丸		
905	117	三本杭	さんぼんぐい	1226	愛媛県	四国山地西部	松丸	三百	
906	118	篠山	ささやま	1065	愛媛県 高知県	四国山地西部	楠山	三百	
907	118	今ノ山	いまのやま	868	高知県	四国山地西部	来栖野		
908	118	足立山（霧ヶ岳）	あだちやま（きりがたけ）	598	福岡県	筑紫山地	小倉		
909	118	貫山	ぬきさん	712	福岡県	筑紫山地	苅田		
910	118	福智山	ふくちやま	901	福岡県	筑紫山地	金田		
911	118	犬ヶ岳	いぬがたけ	1131	大分県 福岡県	筑紫山地	下河内		
912	118	英彦山	ひこさん	1199	福岡県 大分県	筑紫山地	英彦山	二百	
913	118	馬見山	うまみやま	978	福岡県	筑紫山地	小石原		
914	118	犬鳴山（熊ヶ城）	いぬなきやま（くまがしろ）	584	福岡県	筑紫山地	脇田		
915	119	三郡山	さんぐんざん	936	福岡県	筑紫山地	太宰府		
916	119	基山	きざん	404	佐賀県	筑紫山地	二日市		
917	119	脊振山	せふりさん	1055	福岡県 佐賀県	筑紫山地	脊振山	三百	
918	119	浮嶽	うきだけ	805	福岡県 佐賀県	筑紫山地	浜崎		
919	119	天山	てんざん	1046	佐賀県	筑紫山地	古湯		
920	119	両子山	ふたごさん	720	大分県	国東半島	両子山		
921	119	鹿嵐山	かならせやま	758	大分県	阿蘇・くじゅうとその周辺	下市		
922	119	鶴見岳	つるみだけ	1375	大分県	阿蘇・くじゅうとその周辺	別府西部	三百	▲
923	119	由布岳（豊後富士）	ゆふだけ（ぶんごふじ）	1583	大分県	阿蘇・くじゅうとその周辺	別府西部	二百	▲
924	120	万年山	はねやま	1140	大分県	阿蘇・くじゅうとその周辺	豊後中村		
925	120	涌蓋山	わいたさん	1500	大分県	阿蘇・くじゅうとその周辺	湯坪	三百	
926-1	120	くじゅう連山＜中岳＞	くじゅうれんざん＜なかだけ＞	1791	大分県	阿蘇・くじゅうとその周辺	久住	百	▲
926-2	120	くじゅう連山＜黒岳＞	くじゅうれんざん＜くろだけ＞	1587	大分県	阿蘇・くじゅうとその周辺	大船山		▲
926-3	120	くじゅう連山＜大船山＞	くじゅうれんざん＜たいせんざん＞	1786	大分県	阿蘇・くじゅうとその周辺	大船山	三百	▲
926-4	120	くじゅう連山＜三俣山＞	くじゅうれんざん＜みまたやま＞	1744	大分県	阿蘇・くじゅうとその周辺	湯坪		▲
926-5	120	くじゅう連山＜星生山＞	くじゅうれんざん＜ほっしょうざん＞	1762	大分県	阿蘇・くじゅうとその周辺	湯坪		▲
926-6	120	くじゅう連山＜久住山＞	くじゅうれんざん＜くじゅうさん＞	1787	大分県	阿蘇・くじゅうとその周辺	久住山	百	▲
927-1	120	阿蘇山＜高岳＞	あそさん＜たかだけ＞	1592	熊本県	阿蘇・くじゅうとその周辺	阿蘇山	百	▲
927-2	121	阿蘇山＜根子岳（猫岳）＞	あそさん＜ねこだけ＞	1433	熊本県	阿蘇・くじゅうとその周辺	根子岳		▲
927-3	121	阿蘇山＜中岳＞	あそさん＜なかだけ＞	1506	熊本県	阿蘇・くじゅうとその周辺	阿蘇山		▲
927-4	121	阿蘇山＜杵島岳＞	あそさん＜えしまだけ＞	1326	熊本県	阿蘇・くじゅうとその周辺	阿蘇山		▲
927-5	122	阿蘇山＜烏帽子岳＞	あそさん＜えぼしだけ＞	1337	熊本県	阿蘇・くじゅうとその周辺	阿蘇山		▲
928	122	鷹取山	たかとりやま	802	福岡県	阿蘇・くじゅうとその周辺	草野		
929	122	釈迦岳	しゃかだけ	1231	大分県	阿蘇・くじゅうとその周辺	豊後大野		
930	122	酒呑童子山	しゅてんどうじやま	1181	大分県	阿蘇・くじゅうとその周辺	鯛生		
931	122	国見山	くにみやま	1018	熊本県	阿蘇・くじゅうとその周辺	宮ノ尾		
932	122	筒ヶ岳	つつがたけ	501	熊本県	阿蘇・くじゅうとその周辺	玉名		
933	122	金峰山	きんぼうざん	665	熊本県	阿蘇・くじゅうとその周辺	熊本		
934	122	黒髪山	くろかみざん	516	佐賀県	佐賀西部・長崎・島原	有田		
935	122	国見山	くにみやま	776	長崎県	佐賀西部・長崎・島原	蔵宿		
936	123	虚空蔵山	こくぞうざん	609	長崎県	佐賀西部・長崎・島原	嬉野		
937-1	123	多良岳＜経ヶ岳＞	たらだけ＜きょうがだけ＞	1076	佐賀県 長崎県	佐賀西部・長崎・島原	多良岳		
937-2	123	多良岳	たらだけ	996	佐賀県	佐賀西部・長崎・島原	多良岳	三百	
937-3	123	多良岳＜五家原岳＞	たらだけ＜ごかはらだけ＞	1057	長崎県	佐賀西部・長崎・島原	多良岳		
938-1	123	雲仙岳＜普賢岳＞	うんぜんだけ＜ふげんだけ＞	1359	長崎県	佐賀西部・長崎・島原	島原	二百	▲
938-2	123	雲仙岳＜平成新山＞	うんぜんだけ＜へいせいしんざん＞	1483	長崎県	佐賀西部・長崎・島原	島原		▲
939	123	長浦岳	ながうらだけ	561	長崎県	佐賀西部・長崎・島原	神浦		
940	123	八郎岳	はちろうだけ	590	長崎県	佐賀西部・長崎・島原	千々		
941	123	御岳＜雄岳＞	みたけ＜おだけ＞	479	長崎県	対馬	鹿見		
942	124	白嶽	しらたけ	518	長崎県	対馬	阿連		
943	124	有明山	ありあけやま	558	長崎県	対馬	厳原		
944	124	矢立山	やたてやま	648	長崎県	対馬	小茂田		
945	124	山王山（雄嶽）	さんのうざん（おだけ）	439	長崎県	五島列島	有川		
946	124	父ヶ岳	ててがたけ	460	長崎県	五島列島	三井楽		
947	124	佩楯山	はいだてさん	754	大分県	九州山地	佩楯山		
948	124	傾山	かたむきやま	1605	大分県	九州山地	小原	三百	
949	124	大崩山	おおくえやま	1644	宮崎県	九州山地	祝子川	二百	
950	124	行藤山	むかばきやま	830	宮崎県	九州山地	行藤山		
951	125	祖母山	そぼさん	1756	大分県 宮崎県	九州山地	祖母山	百	
952	125	古祖母山	ふるそぼさん	1633	大分県 宮崎県	九州山地	祖母山		
953	125	諸塚山	もろつかやま	1342	宮崎県	九州山地	諸塚山		
954	125	向坂山	むこうざかやま	1685	熊本県 宮崎県	九州山地	国見岳		
955	125	国見岳	くにみだけ	1739	熊本県 宮崎県	九州山地	国見岳	三百	
956	125	上福根山	かみふくねやま	1646	熊本県	九州山地	椎原		
957	125	江代山（津野岳）	えしろやま（つのだけ）	1607	熊本県 宮崎県	九州山地	古屋敷		
958	125	市房山	いちふさやま	1721	熊本県 宮崎県	九州山地	市房山	二百	
959	125	石堂山	いしどうやま	1547	宮崎県	九州山地	石堂山		
960	126	尾鈴山	おすずやま	1405	宮崎県	九州山地	尾鈴山	二百	
961	126	仰烏帽子山	のけえぼしやま	1302	熊本県	九州山地	頭地		
962	126	白髪岳	しらがだけ	1417	熊本県	九州山地	白髪岳		
963	126	国見山	くにみやま	969	熊本県	九州山地	大関山		
964	126	矢筈岳	やはずだけ	687	熊本県 鹿児島県	九州山地	湯出		
965	126	紫尾山（上宮山）	しびさん（じょうぐさん）	1067	鹿児島県	九州山地	紫尾山		
966	126	鰐塚山	わにつかやま	1118	宮崎県	九州南部	築地原		
967-1	126	霧島山＜韓国岳＞	きりしまやま＜からくにだけ＞	1700	宮崎県 鹿児島県	九州南部	韓国岳	百	▲
967-2	126	霧島山＜新燃岳＞	きりしまやま＜しんもえだけ＞	1421	宮崎県 鹿児島県	九州南部	高千穂峰		▲
967-3	127	霧島山＜高千穂峰＞	きりしまやま＜たかちほのみね＞	1574	宮崎県	九州南部	高千穂峰	二百	▲

968-1	127	高隈山＜大箆柄岳＞	たかくまやま＜おおのがらだけ＞	1236	鹿児島県	九州南部	上祓川	三百	
968-2	127	高隈山＜御岳＞	たかくまやま＜おんたけ＞	1182	鹿児島県	九州南部	上祓川		
969	127	甫与志岳	ほよしだけ	967	鹿児島県	九州南部	上名		
970	127	稲尾岳	いなおだけ	930	鹿児島県	九州南部	稲尾岳		
971	127	御岳（北岳）	おんたけ（きただけ）	1117	鹿児島県	九州南部（桜島）	桜島北部	二百	▲
972	127	八重山	やえやま	677	鹿児島県	九州南部	薩摩郡山		
973	127	冠岳（西岳）	かんむりだけ（にしだけ）	516	鹿児島県	九州南部	串木野		
974	127	熊ヶ岳	くまがたけ	590	鹿児島県	九州南部	神殿		
975	128	金峯山	きんぽうざん	636	鹿児島県	九州南部	神殿		
976	128	野間岳	のまだけ	591	鹿児島県	九州南部	野間岳		
977	128	開聞岳	かいもんだけ	924	鹿児島県	九州南部	開聞岳	百	▲
978	128	倉岳	くらだけ	682	熊本県	天草諸島	大島子		
979	128	角山	かどやま	526	熊本県	天草諸島	鬼海ヶ浦		
980	128	尾岳	おたけ	604	鹿児島県	甑島列島	青瀬		
981	128	天女ヶ倉	あまめがくら	238	鹿児島県	大隅諸島（種子島）	安納		
982	128	硫黄岳	いおうだけ	704	鹿児島県	大隅諸島（薩摩硫黄島）	薩摩硫黄島		▲
983	128	櫓岳	やぐらだけ	622	鹿児島県	大隅諸島（黒島）	薩摩黒島		
984	129	古岳	ふるだけ	657	鹿児島県	大隅諸島（口永良部島）	口永良部島		▲
985	129	宮之浦岳	みやのうらだけ	1936	鹿児島県	大隅諸島（屋久島）	宮之浦岳	百	
986	129	永田岳	ながただけ	1886	鹿児島県	大隅諸島（屋久島）	永田岳		
987	129	モッチョム岳	もっちょむだけ	940	鹿児島県	大隅諸島（屋久島）	尾之間		
988	129	前岳	まえだけ	628	鹿児島県	吐噶喇列島（口之島）	口之島		▲
989	129	御岳	おんたけ	979	鹿児島県	吐噶喇列島（中之島）	中之島		▲
990	129	御岳	おたけ	497	鹿児島県	吐噶喇列島（臥蛇島）	臥蛇島		
991	129	御岳	おたけ	796	鹿児島県	吐噶喇列島（諏訪之瀬島）	諏訪之瀬島		▲
992	129	御岳	みたけ	584	鹿児島県	吐噶喇列島（悪石島）	悪石島		
993	130	イマキラ岳	いまきらだけ	292	鹿児島県	吐噶喇列島（宝島）	宝島		
994	130	[横当島]	[よこあてじま]	495	鹿児島県	吐噶喇列島（横当島）	横当島		
995	130	湯湾岳	ゆわんだけ	694	鹿児島県	奄美群島（奄美大島）	湯湾		
996	130	井之川岳	いのかわだけ	645	鹿児島県	奄美群島（徳之島）	平土野		
997	130	大山	おおやま	240	鹿児島県	奄美群島（沖永良部島）	沖永良部島西部		
998	130	与那覇岳	よなはだけ	503	沖縄県	沖縄島	辺土名		
999	130	八重岳	やえだけ	453	沖縄県	沖縄島	名護		
1000	130	恩納岳	おんなだけ	363	沖縄県	沖縄島	金武		
1001	130	於茂登岳	おもとだけ	526	沖縄県	八重山列島（石垣島）	川平		
1002	131	古見岳	こみだけ	469	沖縄県	八重山列島（西表島）	美原		
1003	131	宇良部岳	うらぶだけ	231	沖縄県	八重山列島（与那国島）	与那国島		

扉の写真の山名と撮影年

北海道		
羅臼岳 2013 年	斜里岳 2013 年	雌阿寒岳 2013 年
トムラウシ山 2015 年	大雪山＜旭岳＞ 2012 年	美瑛岳 2012 年
幌尻岳 2015 年	ニセコアンヌプリ 2015 年	羊蹄山 2014 年

本州		
八甲田山＜大岳＞ 2011 年	飯豊山 2011 年	剱岳 2011 年
富士山＜剣ヶ峯＞ 2001 年	槍ヶ岳 2011 年	北岳 2006 年
白山＜御前峰＞ 2009 年	八経ヶ岳 2007 年	大山＜弥山＞ 2011 年

四国・九州		
剣山 2008 年	石鎚山＜天狗岳＞ 2008 年	くじゅう連山＜久住山＞ 2009 年
阿蘇山＜高岳＞ 2009 年	祖母山 2009 年	霧島山＜韓国岳＞ 2003 年
開聞岳 2003 年	宮之浦岳 2008 年	於茂登岳 2015 年

写真提供者

大倉洋右　岡雅行　田代博　長岡正利　星埜由尚　松本清子

表紙写真　富士本栖湖リゾートよりダブルダイヤモンド富士　2014 年 1 月
　　　　　焼岳より穂高岳　2008 年 10 月　　　　　　　　　　（撮影：田代博）

本書に掲載した地図は、国土地理院長の承認を得て、同院発行の５万分１地形図、
２万５千分１地形図及び電子地形図（タイル）を複製したものである。

（承認番号　平 28 情複、第 318 号）

日本の山岳標高１００３山

ISBN978-4-88946-317-0

2016 年 8 月 11 日　発行

編集・発行　一般財団法人　日本地図センター

〒 153-8522　東京都目黒区青葉台 4-9-6

TEL：03-3485-5417　FAX：03-3485-5593

印　刷　株式会社ネクストパブリッシング

掲載した地図を複製する場合には、国土地理院長の承認が必要となります。
本誌の一部あるいは全部を無断で複写・複製・転載することは、法律で認められた場
合を除き、禁じられています。